21世纪技能创新型
人才培养系列教材
【建筑系列】

新工科

"十四五"新工科应用型教材建设项目成果

工程量清单计价

主　审　杨安库
主　编　伏　虎　万　华
副主编　范宏智　秦纪伟　张　燕
参　编　俞　顺　闪万强　常瑞君
陈宝伟　谈　武

中国人民大学出版社
·北京·

前言

自中华人民共和国建设部（现为中华人民共和国住房和城乡建设部）于2003年2月17日以第119号公告发布了第一版工程量清单计价规范——《建设工程工程量清单计价规范》（GB 50500-2003）以来，工程量清单计价在适应建筑市场发展方面的优势得到了市场主体各方的充分肯定，成为工程招投标、实施阶段管理和控制工程投资的主要计量计价方式，对合理确定和有效控制工程造价发挥了巨大作用。为了适应建筑市场的变化，工程量清单计价规范又被修订了两次，目前正在施行的是第三版工程量清单计价规范——《建设工程工程量清单计价规范》（GB 50500-2013）。

"工程量清单计价"是工程造价专业的核心课程，熟练掌握和使用工程量清单计量与计价方法是工程造价人员的基本技能之一。本书以案例教学方式，将理论学习与实训结合起来，选取了一个单层框架结构的小型工程，根据《房屋建筑与装饰工程工程量计算规范》（GB 50854-2013）的附录内容，将该工程的建筑与装饰内容分解为7个教学单元，根据每个教学单元的特点，详细讲解组成该单元工程量清单子目的项目特征和计量计价方法，重点解决初学者容易混淆工程量清单计价和定额计价的工程量计算规则、计价方法等问题，既保证了工程项目计量计价内容的系统性、完整性，又保证了各单元内容的独立性、专业性，使学生在理解工程量清单计量计价规范的基础上，初步掌握工程量清单编制方法和技巧，为将来编制和审核招标控制价、投标报价、竣工结算打下坚实的基础。此外，针对不同地区（或行业）的计价办法和定额存在差异，导致工程量清单计价教材无法通用的问题，本书采用合价法计算综合单价，尝试解决这一问题。

本书既可作为工程造价、建筑工程施工和管理等专业的参考教材，也可作为参加注册咨询工程师（投资）、一级（或二级）注册造价工程师、注册监理工程师、一级（或二级）注册建造师等培训和考试人员学习工程造价的参考用书。

本书的主编为伏虎、万华，副主编为范宏智、秦纪伟、张燕，主审为北京永达信工程咨询有限公司杨安库。具体编写分工为：绪论、项目2由北京京北职业技术学院的伏虎编写，项目1由北京信衡利工程咨询有限公司的万华、机械工业信息研究院的俞顺编写，项

目 3 由北京京北职业技术学院的秦纪伟编写，项目 4 由中国中信集团有限公司的范宏智编写，项目 5 由北京凯晨置业有限公司的闪万强、北京安瑞志远科技有限公司的常瑞君编写，项目 6 由北京中威正平工程造价咨询有限公司的陈宝伟、中国铁路南宁局集团有限公司的谈武编写，项目 7 由华东交通大学的张燕编写。感谢北京京北职业技术学院雎志玲老师提供了项目实训图纸，所有插图均由北京京北职业技术学院 2021 届建筑工程技术专业毕业生袁洋所绘。全书由伏虎统稿并校对。

限于编者学术水平和实践经验，书中难免有不妥之处，恳请广大读者批评指正。

编者

目录

绪论

中华人民共和国建设部（现为中华人民共和国住房和城乡建设部）于 2003 年 2 月 17 日以第 119 号公告发布了第一版工程量清单计价规范——《建设工程工程量清单计价规范》（GB 50500-2003），自 2003 年 7 月 1 日起实施。《建设工程工程量清单计价规范》的实施是我国工程造价计价方式改革的一项重大举措，是面向我国工程建设市场，运用市场定价机制，改革工程造价管理，逐步建立由政府宏观调控、市场有序竞争形成工程造价的新机制。该规范的实施标志着我国工程造价管理发生了由传统“量价合一”的计划模式向“量价分离”的市场模式的重大转变，彻底改变了我国实施多年的以定额为根据的计价管理模式，从而走上了一个全新的阶段；同时，表明我国招标制度真正开始驶入国际的轨道。

中华人民共和国住房和城乡建设部于 2008 年 7 月 9 号以第 63 号公告发布了第二版《建设工程工程量清单计价规范》（GB 50500-2008），自 2008 年 12 月 1 日起实施，第一版《建设工程工程量清单计价规范》（GB 50500-2003）同时废止，这对巩固工程量清单计价改革的成果，进一步规范工程量清单计价行为具有十分重要的意义。

中华人民共和国住房和城乡建设部于 2012 年 12 月 25 日相继以第 1567 ～ 1576 号公告发布了第三版《建设工程工程量清单计价规范》（GB 50500-2013）和《房屋建筑与装饰工程工程量计算规范》（GB 50854-2013）等 9 本计算规范，自 2013 年 7 月 1 日起实施，第二版《建设工程工程量清单计价规范》（GB 50500-2008）同时废止。

一、工程量清单

工程量清单是指建设工程的分部分项工程项目、措施项目、其他项目的名称和相应数量以及规费、税金项目等内容的明细清单。

采用工程量清单方式招标的，工程量清单必须作为招标文件的组成部分，其准确性和完整性由招标人负责。工程量清单应由具有编制能力的招标人或受其委托、具有相应资质的工程造价咨询人员编制。

（一）工程量清单的编制依据

（1）《建设工程工程量清单计价规范》（GB 50500-2013）和《房屋建筑与装饰工程工程量计算规范》（GB 50854-2013）等 9 本计算规范。

（2）国家或省级、行业建设主管部门颁发的计价定额和办法。

（3）建设工程设计文件及相关资料。

（4）与建设工程项目有关的标准、规范、技术资料。

（5）拟定的招标文件。

（6）施工现场情况、地勘水文资料、工程特点及常规施工方案。

（7）其他相关资料。

（二）工程量清单的作用

工程量清单是工程量清单计价的基础，应作为编制招标控制价、投标报价、计算或调整工程量、支付工程款、调整合同价款、办理竣工结算以及工程索赔等的依据之一。

（三）工程量清单的编制内容

工程量清单应由分部分项工程项目清单、措施项目清单、其他项目清单、规费和税金项目清单组成。

1. 分部分项工程项目清单

分部工程是单项或单位工程的组成部分，是按结构部位、路段长度及施工特点或施工任务将单项或单位工程划分为若干分部的工程；分项工程是分部工程的组成部分，是按不同施工方法、材料、工序及路段长度等将分部工程划分为若干分项或项目的工程。

分部分项工程项目清单必须载明项目编码、项目名称、项目特征、计量单位和工程量，必须根据《建设工程工程量清单计价规范》（GB 50500-2013）和《房屋建筑与装饰工程工程量计算规范》（GB 50854-2013）等 9 本计算规范规定的项目编码、项目名称、项目特征、计量单位和工程量计算规则进行编制。

（1）项目编码。项目编码是分部分项工程项目清单和措施项目清单名称的阿拉伯数字标识。

工程量清单的项目编码，应采用 12 位阿拉伯数字表示，1 ～ 9 位应按相关的规定设置，10 ～ 12 位应按拟建工程的工程量清单项目名称和项目特征设置，同一招标工程的项目编码不得有重码。

分部分项工程项目清单的项目编码 12 位阿拉伯数字分为 5 级，其中 1 ～ 2 位为专业工程（单位工程）代码，具体见表 0-1。

表 0-1 分部分项工程项目清单的项目编码

1～2位代码	专业工程（单位工程）
01	房屋建筑与装饰工程
02	仿古建筑工程
03	通用安装工程
04	市政工程
05	园林绿化工程
06	矿山工程
07	构筑物工程
08	城市轨道交通工程
09	爆破工程

3～4位为各专业工程的附录分类顺序码，5～6位为分部工程顺序码，7～9位为分项工程项目名称顺序码，10～12位为清单项目名称顺序码，同一招标工程的项目编码不得有重码。

当同一标段（或合同段）的一份工程量清单中含有多个单位工程且工程量清单是以单位工程为编制对象时，应特别注意对项目编码10～12位的设置不得有重码的规定。

举例如下：

某个住宅工程的一个标段（或合同段）工程量清单中含有三个房屋建筑的单位工程，每一单位工程中都有项目特征相同的实心砖墙砌体，当工程量清单中需要反映三个不同单位工程的实心砖墙砌体工程量时，第一个单位工程的实心砖墙的项目编码应为010401003001［1～2位01代表房屋建筑与装饰工程，3～4位04代表《房屋建筑与装饰工程工程量计算规范》(GB 50854-2013）的“附录D砌筑工程”，5～6位01代表附录D砌筑工程中“D.1砖砌体”，7～9位003代表D.1砖砌体中的分项工程“010401003实心砖墙”，10～12位001代表清单项目名称顺序码］，第二个单位工程的实心砖墙的项目编码应为010401003002，第三个单位工程的实心砖墙的项目编码应为010401003003。

编制工程量清单时，出现附录中未包括的项目，编制人应做补充，补充项目的编码由专业工程代码与B和3位阿拉伯数字组成，3位阿拉伯数字应从001起按顺序编制，同一招标工程的项目不得重码。例如，房屋建筑与装饰工程补充项目的编码应从01B001起按顺序编制。

补充的工程量清单需附有补充项目的名称、项目特征、计量单位、工程量计算规则、工作内容。不能计量的措施项目，需附有补充项目的名称、工作内容及包含范围。补充的工程量清单应报省级或行业工程造价管理机构备案，省级或行业工程造价管理机构应汇总

上报住房和城乡建设部标准定额研究所。

（2）项目名称。工程量清单的项目名称应按《房屋建筑与装饰工程工程量计算规范》（GB 50854-2013）附录的项目名称结合拟建工程的实际确定。

（3）项目特征。项目特征是构成分部分项工程项目、措施项目自身价值的本质特征。

工程量清单项目特征应按《房屋建筑与装饰工程工程量计算规范》（GB 50854-2013）附录中规定的项目特征，结合拟建工程项目的实际予以描述。项目特征是确定一个清单项目综合单价不可缺少的重要依据，在编制工程量清单时，必须对项目特征进行准确和全面的描述，但对有些项目往往难以准确和全面地描述清楚。因此，为达到规范、简洁、准确、全面描述项目特征的要求，在描述工程量清单项目特征时，应按以下原则进行：

1）项目特征描述的内容应按《房屋建筑与装饰工程工程量计算规范》（GB 50854-2013）附录中的规定，结合拟建工程的实际，能满足确定综合单价的需要。

2）若采用标准图集或施工图纸能够全部或部分满足项目特征描述的要求，那么项目特征描述可直接采用详见 ×× 图集或 ×× 图号的方式。对不能满足项目特征描述要求的部分，仍使用文字描述。

（4）计量单位。《房屋建筑与装饰工程工程量计算规范》（GB 50854-2013）等计算规范的附录中某个分项工程有两个或两个以上计量单位的，应结合拟建工程项目的实际情况，确定其中一个为计量单位。相同的工程项目（分项工程）的计量单位应一致。

（5）工程量计算规则。工程量清单中所列工程量（以下简称为清单工程量）应按《房屋建筑与装饰工程工程量计算规范》（GB 50854-2013）等计算规范的附录中规定的工程量计算规则计算。其工程量数值取值要求为：

1）以“t”为计量单位的，应保留小数点后 3 位数字，第 4 位小数四舍五入。

2）以“m”“m^2”“m^3”“kg”为计量单位的，应保留小数点后两位数字，第 3 位小数四舍五入。

3）以“个”“件”“根”“组”“系统”等为计量单位的，应取整数。

2. 措施项目清单

措施项目是指为完成工程施工，发生于该工程施工准备和施工过程中的技术、生活、安全、环境保护等方面的项目。

措施项目清单应根据拟建工程的实际情况列项。可以计算工程量的措施项目［单价措施项目，如垂直运输、超高施工增加、脚手架、混凝土模板及支架（撑）等］工程量清单的编制应采用分部分项工程的相关规定，列出项目编码、项目名称、项目特征、计量单位和工程量计算规则；不能计算工程量的措施项目（总价措施项目，如安全文明施工、夜间施工、二次搬运、冬雨季施工、已完工程及设备保护等）工程量清单的编制，采用费率

（百分比）以“项”计价。

3. 其他项目清单

其他项目清单应包括暂列金额、暂估价、计日工和总承包服务费，如出现上述未列的项目，应根据工程实际情况补充。

（1）暂列金额，是指招标人在工程量清单中暂定并包括在合同价款中的一笔款项。暂列金额用于工程合同签订时尚未确定或者不可预见的所需材料、工程设备、服务的采购，施工中可能发生的工程变更、合同约定调整因素出现时的合同价款调整以及发生的索赔、现场签证确认等的费用。

（2）暂估价，是指招标人在工程量清单中提供的用于支付必然发生但暂时不能确定价格的材料、工程设备的单价以及专业工程的金额，包括材料暂估单价、工程设备暂估单价、专业工程暂估价。

（3）计日工，是指在施工过程中，承包人完成发包人提出的工程合同范围以外的零星项目或工作，按合同中约定的单价计价的一种方式，包括完成零星项目或工作所需的人工、材料、施工机械。计日工应列出项目名称、计量单位和暂估数量。

（4）总承包服务费，是指总承包人为配合协调发包人进行的专业工程发包，提供的对发包人自行采购的材料、工程设备等进行保管以及施工现场管理、竣工资料汇总整理等服务所需的费用。总承包服务费应列出服务项目及其内容等。

4. 规费项目清单

规费是指根据国家法律、法规的规定，由省级政府或省级有关权力部门规定施工企业必须缴纳的，应计入建筑安装工程造价的费用。

规费项目清单应包括社会保险费（包括养老保险费、失业保险费、医疗保险费、工伤保险费、生育保险费）、住房公积金和工程排污费，如出现上述未列的项目，应根据省级政府或省级有关部门的规定列项。

5. 税金项目清单

税金项目是指国家税法规定的应计入建筑安装工程造价内的税种，目前为增值税。如因国家税法发生变化，税务部门依据职权增加了税种，应对税金项目清单进行补充。

（四）分部分项工程和措施项目清单的编制程序

（1）熟悉施工图纸及相关资料。

（2）划分项目名称。

（3）确定项目编码。

（4）描述项目特征。

（5）确定计量单位。

（6）计算清单工程量。

（五）工程量清单的组成

（1）封面。

（2）扉页。

（3）总说明。

（4）分部分项工程项目清单。

（5）措施项目清单。

（6）其他项目清单。

（7）规费、税金项目清单。

二、工程量清单计价

工程量清单计价是指完成工程量清单内容所需的全部费用，应由分部分项工程费、措施项目费、其他项目费、规费和税金组成，包括招标控制价、投标报价、竣工结算价。

使用国有资金投资的建设工程发承包，必须采用工程量清单计价；使用非国有资金投资的建设工程，宜采用工程量清单计价；不采用工程量清单计价的建设工程，应执行《建设工程工程量清单计价规范》（GB 50500-2013）中除工程量清单等专门性规定外的其他规定；工程量清单应采用综合单价计价，不论是分部分项工程项目、措施项目、其他项目，还是以单价或总价形式表现的项目，其综合单价的组成内容应符合《建设工程工程量清单计价规范》（GB 50500-2013）第 2.0.8 条的规定，包括除规费、税金以外的所有金额。

（一）工程量清单计价的编制依据

（1）《建设工程工程量清单计价规范》（GB 50500-2013）。

（2）国家或省级、行业建设主管部门颁发的计价办法。

（3）国家或省级、行业建设主管部门颁发的计价定额。

（4）企业定额（适用于投标报价）。

（5）建设工程设计文件及相关资料。

（6）招标文件及相关资料。

（7）投标文件（适用于竣工结算价）。

（8）工程合同（适用于竣工结算价）。

（9）与建设项目相关的标准、规范、技术资料。

（10）施工现场情况、工程特点及施工方案。

（11）工程造价管理机构发布的工程造价信息。若工程造价信息没有发布，则参照市场价。

（12）其他相关资料。

（二）工程量清单计价的编制内容

工程量清单计价应由分部分项工程费、措施项目费、其他项目费、规费和税金组成。

1. 分部分项工程费

分部分项工程费由人工费、材料和工程设备费、施工机具使用费、企业管理费、利润、风险费组成。计算公式为：

$$分部分项工程费=\sum(各分项工程清单工程量\times 综合单价)$$

2. 措施项目费

措施项目费由人工费、材料和工程设备费、施工机具使用费、企业管理费、利润、风险费组成。

（1）可以计算工程量的措施项目费称为单价措施项目费，如垂直运输费、超高施工增加费、脚手架费、混凝土模板及支架（撑）费等。计算公式为：

$$单价措施项目费=\sum(各措施项目清单工程量\times 综合单价)$$

（2）不能计算工程量的措施项目费称为总价措施项目费，如安全文明施工费、夜间施工费、二次搬运费、冬雨季施工费、已完工程及设备保护费等，其人工费、材料和工程设备费、施工机具使用费采用费率（百分比）计算，企业管理费、利润、风险费的编制内容与单价措施项目费相同。计算公式为：

$$总价措施项目费=\sum(各总价措施项目计算基数\times 费率)$$

（3）安全文明施工费必须按国家或省级、行业建设主管部门的规定计算，不得作为竞争性费用。

3. 其他项目费

（1）暂列金额应根据工程特点按有关计价规定估算。

（2）暂估价。

1）材料、工程设备的暂估价应根据工程造价信息或参照市场价格估算，列出明细表，需要纳入分部分项工程项目清单综合单价中。

2）专业工程的暂估价应是综合暂估价，包括除规费和税金以外的管理费、利润等。该暂估价应分不同专业，按有关计价规定估算，列出明细表。

（3）计日工应包括除规费和税金以外的管理费、利润等。

（4）总承包服务费。招标人应预计该项费用，并按投标人的投标报价向投标人支付。

4. 规费

规费必须按国家或省级、行业建设主管部门的规定计算，不得作为竞争性费用。例如，社会保险费（或住房公积金）的计算公式为：

$$\text{社会保险费（或住房公积金）}=[\sum(\text{分部分项工程费}+\text{措施项目费})+\text{计日工}]\text{中的人工费}\times\text{相应费率}$$

5. 税金

税金必须按国家或省级、行业建设主管部门的规定计算，不得作为竞争性费用。计算公式为：

$$\text{税金}=[\sum(\text{分部分项工程费}+\text{措施项目费})+\text{其他项目费}+\text{规费}]\times\text{税率}$$

6. 建筑安装工程造价

建筑安装工程造价的计算公式为：

$$\text{建筑安装工程造价}=\sum(\text{分部分项工程费}+\text{措施项目费})+\text{其他项目费}+\text{规费}+\text{税金}$$

（三）分部分项工程（或措施项目）综合单价的编制方法

综合单价包括完成一个规定清单项目所需的人工费、材料和工程设备费、施工机具使用费和企业管理费、利润以及一定范围内的风险费用。

1. 单价法

采用单价法计算综合单价的公式为：

$$\text{综合单价}=\sum\left(\text{人工单价}+\text{材料和工程设备单价}+\text{施工机具单价}+\text{企业管理单价}+\text{利润单价}+\text{风险费单价}\right)$$

其中：

（1）人工单价、材料和工程设备单价、施工机具单价的计算公式为：

$$\text{人工单价}=(\text{定额工程量}\div\text{清单工程量})\times\text{定额人工消耗量}\times\text{工日单价}$$

$$\text{材料和工程设备单价}=\left(\text{定额工程量}\div\text{清单工程量}\right)\times\text{定额材料（或工程设备）消耗量}\times\text{材料（或工程设备）信息价或市场价}$$

$$\text{施工机具单价}=(\text{定额工程量}\div\text{清单工程量})\times\text{定额施工机具消耗量}\times\text{施工机具信息价或市场价}$$

说明：定额工程量应按国家或省级、行业建设主管部门发布的工程预算定额的工程量计算规则计算。

（2）企业管理费单价。企业管理费是建筑安装企业组织施工生产和经营管理所需的费用，计算基数应根据国家或省级、行业建设主管部门颁发的计价办法确定，例如，北京市房屋建筑和装饰工程的企业管理费计算基数为：人工单价＋材料和工程设备单价＋施工机具单价。企业管理费单价的计算公式为：

$$\text{企业管理费单价}=(\text{定额工程量}\div\text{清单工程量})\times\text{企业管理费计算基数}\times\text{企业管理费费率}$$

（3）利润单价。利润是承包人完成合同工程获得的盈利，计算基数应根据国家或省级、行业建设主管部门颁发的计价办法确定，例如，北京市房屋建筑和装饰工程的利润计算基数为：人工单价 + 材料和工程设备单价 + 施工机具单价 + 企业管理费单价。利润单价的计算公式为：

利润单价 =(定额工程量 ÷ 清单工程量) × 利润计算基数 × 利润率

（4）风险费单价。风险费单价隐含于已标价工程量清单综合单价中，是用于化解发承包双方在工程合同中约定内容和范围内的市场价格波动风险的费用。建设工程发承包，必须在招标文件、合同中明确计价中的风险内容及其范围，不得采用无限风险、所有风险或类似语句规定计价中的风险内容及其范围。

风险费单价适用于投标报价，招标控制价一般不计取，由投标单位根据风险的内容及其范围确定。

2. 合价法

采用合价法计算综合单价的公式为：

综合单价 =∑（人工费 + 材料和工程设备费 + 施工机具使用费 + 企业管理费 + 利润 + 风险费）÷ 清单工程量

其中：

人工费、材料和工程设备费、施工机具使用费的计算公式为：

人工费 =∑（各分项工程定额工程量 × 定额人工消耗量 × 工日单价）

材料和工程设备费 =∑（各分项工程定额工程量 × 定额材料和工程设备消耗量 × 材料和工程设备单价）

施工机具使用费 =∑（各分项工程定额工程量 × 定额施工机具消耗量 × 施工机具单价）

直接工程费 = 人工费 + 材料和工程设备费 + 施工机具使用费 =∑（定额工程量 × 定额子目单价）

其中：

定额子目单价 = 定额人工消耗量 × 工日单价 + 定额材料（或工程设备）消耗量 × 材料（或工程设备）单价 + 定额施工机具消耗量 × 施工机具单价

企业管理费 = 企业管理费计算基数 × 企业管理费费率

利润 = 利润计算基数 × 利润率

风险费 = 风险费计算基数 × 风险费费率

3. 采用合价法以北京市房屋建筑和装饰工程为例计算综合单价

（1）调整定额子目单价，即将定额子目的基期单价调整为编制期单价。

定额子目基期单价是工程预算定额发布时的单价，定额子目编制期单价是编制工程量清单计价时的单价。计算公式为：

定额子目编制期单价 =∑［定额人工消耗量 × 工日编制期单价 + 定额材料（或工程设备）消耗量 × 材料（或工程设备）编制期单价 + 定额施工机具消耗量 × 施工机具编制期单价］

（2）计算直接工程费，计算公式为：

直接工程费 =∑（定额工程量 × 定额子目编制期单价）

（3）计算企业管理费，计算公式为：

企业管理费 = 直接工程费 × 企业管理费费率

（4）计算利润，计算公式为：

利润 =（直接工程费 + 企业管理费）× 利润率

（5）计算风险费，计算公式为：

风险费 = 风险费计算基数 × 风险费费率

因此：

综合单价 =∑（人工费 + 材料和工程设备费 + 施工机具使用费 + 企业管理费 + 利润 + 风险费）÷ 清单工程量

综上，采用合价法计算综合单价的公式见表 0–2。

表 0–2　采用合价法计算综合单价的公式

序号	项目名称	计算基础及计算公式
1	直接工程费	人工费 + 材料和工程设备费 + 施工机具使用费
2	企业管理费	直接工程费 × 企业管理费费率
3	利润	（直接工程费 + 企业管理费）× 利润率
4	风险费	风险费计算基数 × 风险费费率
5	分部分项工程费（或措施项目费）	项目 1+ 项目 2+ 项目 3+ 项目 4
6	综合单价	项目 5÷ 清单工程量

（四）工程量清单计价的组成

（1）封面。

（2）扉页。

（3）总说明。

（4）工程计价汇总表。

（5）分部分项工程计价表。

（6）措施项目计价表。

（7）其他项目计价表。

（8）规费、税金项目计价表。

项目1 土方工程工程量清单与计价

项目导读

土方工程工程量清单包括土方开挖、土方回填和余方弃置三方面内容。

通过学习《房屋建筑与装饰工程工程量计算规范》(GB 50854-2013)中土石方工程的相关内容，熟悉土方工程工程量清单的相关编制内容，掌握土方工程工程量清单的计算规则，了解定额工程量与清单工程量计算规则的区别，能够编制土方工程的工程量清单。

依据《建设工程工程量清单计价规范》(GB 50500-2013)，通过学习土方工程工程量清单计价的编制，掌握工程量清单计价的编制流程、方法等。

项目重点

1. 定额工程量与清单工程量计算规则的区别。
2. 沟槽长度的计算。
3. 土方工程工程量清单计价的编制。

思政目标

通过本项目的学习，培养学生敬业精神和合作精神，建立经济意识、政策意识、市场意识。编制工程量清单与计价时，务必遵守工程量清单和计价的相关法律法规及规范的要求，遵循诚信、公正的原则。

任务 1.1 土方开挖

任务目标

- 熟悉土方开挖清单项目的内容。
- 掌握土方开挖清单工程量的计算规则。
- 能够编制土方开挖的工程量清单。
- 遵守工程量清单编制的相关法律法规、规范的要求。

1.1.1 常用的清单项目

常用的清单项目见表 1-1。

表 1-1　常用的清单项目

项目编码	项目名称	项目特征	计量单位	工程量计算规则	工作内容
010101001	平整场地	1. 土壤类别 2. 弃土运距 3. 取土运距	m^2	按设计图示尺寸以建筑物首层建筑面积计算	1. 土方挖填 2. 场地找平 3. 运输
010101002	挖一般土方	1. 土壤类别 2. 挖土深度 3. 弃土运距	m^3	按设计图示尺寸以体积计算	1. 排地表水 2. 土方开挖 3. 围护（挡土板）及拆除 4. 基底钎探 5. 运输
010101003	挖沟槽土方	1. 土壤类别 2. 挖土深度 3. 弃土运距	m^3	按设计图示尺寸以基础垫层底面积乘以挖土深度计算	
010101004	挖基坑土方				

1.1.2 平整场地

1. 划分标准

平整场地是指建筑物场地厚度≤ ±300mm 的就地挖、填、运、找平；厚度 >± 300mm 的竖向挖土方，按表 1-1 中“挖一般土方”的项目编码列项。

2. 计算规则

按设计图示尺寸以建筑物首层建筑面积计算。

3. 说明

（1）施工场地的挖土方厚度应按自然地面测量标高至设计地坪标高间的平均厚度确定。

（2）如施工组织设计中平整场地面积超过建筑物首层建筑面积，超出部分的费用应在综合单价中考虑。

1.1.3 挖一般土方

1. 划分标准

超出挖沟槽土方和挖基坑土方范围的，按表 1-1 中“挖一般土方”的项目编码列项。

2. 计算规则

按设计图示尺寸以体积计算。

3. 定额工程量与清单工程量计算规则的区别

（1）定额工程量的计算。

1）如果无放坡开挖，则开挖土体为长方体或正方体。

2）如果放坡开挖，则开挖土体为四棱台，如图 1-1 所示。

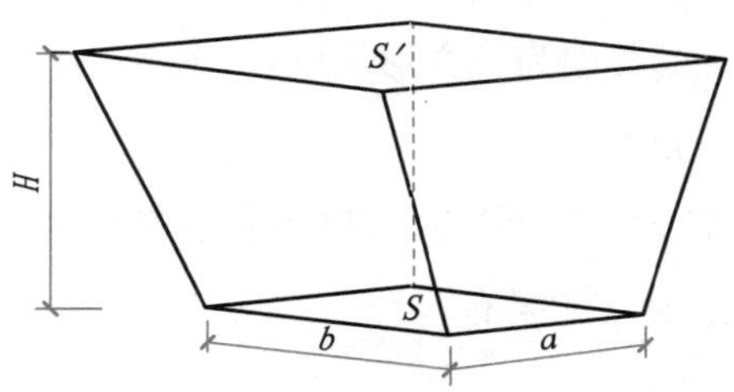

图 1-1　放坡开挖的一般土方

四棱台体积的计算公式为：

$$V=\frac{1}{3}[S+S'+\sqrt{(S\times S')}]\times H$$

其中：H 为基坑深度，按各省、自治区、直辖市或行业建设主管部门的规定计算。

（2）清单工程量的计算。

垫层宽度 $=a-2c$，垫层长度 $=b-2c$，则挖一般土方的清单工程量为：

$$V_{土方}=(a-2c)\times(b-2c)\times H$$

其中：c 为工作面宽度，按各省、自治区、直辖市或行业建设主管部门的规定计算；

H 为基坑深度，开挖深度应按基础垫层底表面标高至交付施工场地标高确定，无交付施工场地标高时，应按自然地面标高确定。

1.1.4 挖沟槽土方

1. 划分标准

底宽≤ 7m，底长 >3 倍底宽，按表 1-1 中“挖沟槽土方”的项目编码列项。

2. 计算规则

按设计图示尺寸以基础垫层底面积乘以挖土深度计算。

3. 定额工程量与清单工程量计算规则的区别

（1）无放坡（挡土板）开挖的沟槽土方如图 1-2 所示。

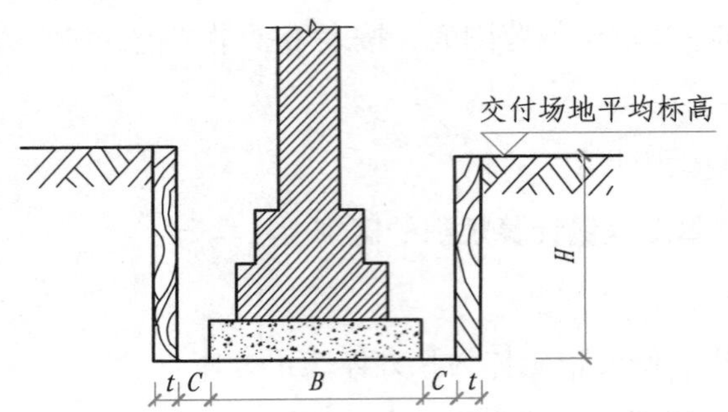

图 1-2　无放坡（挡土板）开挖的沟槽土方

1）定额工程量的计算。横截面为长方形，则：

$$槽底宽度 = B + 2C + 2t$$

其中：B 为垫层宽度，C 为工作面宽度（按各省、自治区、直辖市或行业建设主管部门的规定计算），t 为挡土板宽度（如果有）。

挖沟槽土方的定额工程量为：

$$V_{沟槽} = (B + 2C + 2t) \times H \times L$$

其中：H 为沟槽深度，按各省、自治区、直辖市或行业建设主管部门的规定计算；L 为沟槽长度，外墙基础沟槽按沟槽中心线计算，内墙基础沟槽按沟槽净长线计算。

2）清单工程量的计算。横截面为长方形，槽底宽度 $= B$，则挖沟槽土方的清单工程量为：

$$V_{沟槽} = B \times H \times L$$

其中：B 为垫层宽度；

H 为沟槽深度，开挖深度应按基础垫层底表面标高至交付施工场地标高确定，无交付施工场地标高时，应按自然地面标高确定；

L 为沟槽长度，外墙基础沟槽按基础垫层中心线计算，内墙基础沟槽按基础垫层净长线计算。

（2）放坡开挖的沟槽土方如图 1-3 所示。

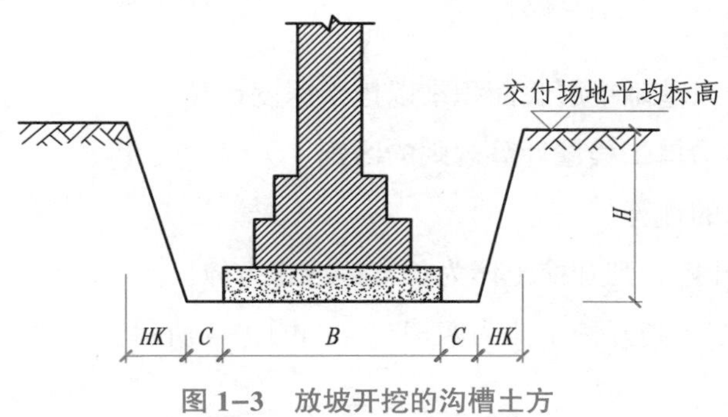

图 1–3　放坡开挖的沟槽土方

1）定额工程量的计算。横截面为梯形，则：

槽底宽度 $= B + 2C$

其中：B 为垫层宽度；

C 为工作面宽度，按各省、自治区、直辖市或行业建设主管部门的规定计算。

$$S_{横截面积} = [(槽底宽度 + HK \times 2) + 槽底宽度] \times H \div 2$$
$$= (槽底宽度 + HK) \times H$$
$$= (B + 2C + HK) \times H$$

挖沟槽土方的定额工程量为：

$$V_{沟槽} = S_{横截面积} \times L = (B + 2C + HK) \times H \times L$$

其中：K 为放坡系数；

H 为沟槽深度，按各省、自治区、直辖市或行业建设主管部门的规定计算；

L 为沟槽长度，外墙基础沟槽按沟槽中心线计算，内墙基础沟槽按沟槽净长线计算。

2）清单工程量的计算。横截面为长方形，槽底宽度 $= B$，则挖沟槽土方的清单工程量为：

$$V_{沟槽} = B \times H \times L$$

其中：B 为垫层宽度；

H 为沟槽深度，开挖深度应按基础垫层底表面标高至交付施工场地标高确定，无交付施工场地标高时，应按自然地面标高确定；

L 为沟槽长度，外墙基础沟槽按基础垫层中心线计算，内墙基础沟槽按基础垫层净长线计算。

1.1.5　挖基坑土方

1. 划分标准

底长 ≤ 3 倍底宽，底面积 ≤ $150m^2$，按表 1–1 中“挖基坑土方”的项目编码列项。

2. 计算规则

按设计图示尺寸以基础垫层底面积乘以挖土深度计算。

3. 定额工程量与清单工程量计算规则的区别

（1）定额工程量的计算。

1）如果无放坡开挖，则开挖土体为长方体或正方体。

2）如果放坡开挖，则开挖土体为四棱台，如图 1-4 所示。

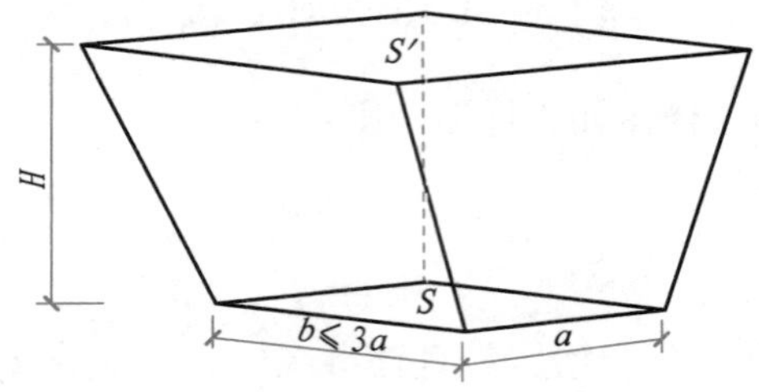

图 1-4　放坡开挖的基坑

四棱台体积的计算公式为：

$$V=\frac{1}{3}\left[S+S'+\sqrt{(S\times S')}\right]\times H$$

其中：H 为基坑深度，按各省、自治区、直辖市或行业建设主管部门的规定计算。

（2）清单工程量的计算。

垫层宽度 $=a-2c$，垫层长度 $=b-2c$，则挖基坑土方的清单工程量为：

$$V_{基坑}=(a-2c)\times(b-2c)\times H$$

其中：c 为工作面宽度，按各省、自治区、直辖市或行业建设主管部门的规定计算；H 为基坑深度，开挖深度应按基础垫层底表面标高至交付施工场地标高确定，无交付施工场地标高时，应按自然地面标高确定。

1.1.6 清单编制说明

（1）挖沟槽、基坑、一般土方时，因工作面和放坡增加的工程量（管沟工作面增加的工程量）是否并入各土方工程量中，应按各省、自治区、直辖市或行业建设主管部门的规定实施，如并入各土方工程量中，办理工程结算时，按经发包人认可的施工组织设计规定计算，编制工程量清单时，可按《房屋建筑与装饰工程工程量计算规范》（GB 50854-2013）附录 A 的表 A.1-3 ～表 A.1-5 的规定计算。

（2）土方体积应按挖掘前的天然密实体积计算。非天然密实土方应按《房屋建筑与装饰工程工程量计算规范》（GB 50854-2013）附录 A 的表 A.1-2 折算。

任务 1.2 土方回填和余方弃置

任务目标

- 熟悉土方回填和余方弃置清单项目的内容。
- 掌握土方回填和余方弃置清单工程量的计算规则。
- 能够编制土方回填和余方弃置的工程量清单。
- 遵守工程量清单编制的相关法律法规、规范的要求。

1.2.1 本任务涉及的清单项目

本任务涉及的清单项目见表 1-2。

表 1-2 清单项目

项目编码	项目名称	项目特征	计量单位	工程量计算规则	工作内容
010103001	回填方	1. 密实度要求 2. 填方材料品种 3. 填方粒径要求 4. 填方来源、运距	m^3	按设计图示尺寸以体积计算 1. 场地回填：回填面积乘以平均回填厚度 2. 室内回填：主墙间面积乘以回填厚度，不扣除间隔墙 3. 基础回填：挖方清单项目工程量减去自然地坪以下埋设的基础体积（包括基础垫层及其他构筑物）	1. 运输 2. 回填 3. 压实
010103002	余方弃置	1. 废弃料品种 2. 运距	m^3	按挖方清单项目工程量减去利用回填方体积（正数）计算	余方点装料运输至弃置点

1.2.2 计算规则

1. 场地回填

按设计图示，以回填面积乘以平均回填厚度计算。计算公式为：

$$V_{场地回填}=S_{回填}\times H$$

其中：H 为平均回填厚度。

2. 室内回填

按设计图示，以主墙间面积乘以回填厚度计算，不扣除间隔墙。计算公式为：

$$V_{室内回填}=S_{主墙间}\times H$$

其中：H 为回填厚度。

3. 基础回填

按挖方清单项目工程量减去自然地坪以下埋设的基础体积（包括基础垫层及其他构筑物）计算。计算公式为：

$$V_{基础回填}=V_{挖土}-V_{自然地坪以下埋设的基础和垫层等}$$

上式中，计算结果为正时，为余土外运；计算结果为负时，为买土回填，应在项目特征填方来源中进行描述，并注明买土方数量。

4. 余方弃置

按挖方清单项目工程量减去利用回填方体积（正数）计算。计算公式为：

$$V_{弃置}=V_{挖土}-V_{回填土}$$

1.2.3 清单编制说明

（1）填方密实度要求，在无特殊要求情况下，项目特征可描述为满足设计和规范的要求。

（2）填方材料品种可以不描述，但应注明由投标人根据设计要求验方后方可填入，并符合相关工程的质量规范要求。

（3）填方粒径要求，在无特殊要求情况下，项目特征可以不描述。

（4）如需买土回填，应在项目特征填方来源中进行描述，并注明买土方数量。

项目实训

实训主题

一、工程概况

某食堂为框架结构，施工图详见本书附录，基础为钢筋混凝土带形（条形），垫层为素混凝土，室内设计地坪标高为 ±0.000m，室内设计地坪垫层下表面的标高为 -0.1m，室外设计地坪平均标高为 -0.4m，交付施工场地平均标高为 -0.5m，建筑场地的挖、填、运、找平的厚度≤ ±300mm，采用机械平整场地。基坑开挖土方为三类土，采用机械放坡开挖，边坡坡度为 1∶0.5，开挖的土方可用作室内回填土和基础回填土，需夯实回填，压实系数≥ 0.97，余方弃置运距为 30 千米。

试编制该食堂的平整场地、土方开挖、基础及室内回填、余方弃置的工程量清单计价。

二、清单计价编制说明

（一）编制依据

（1）定额采用北京市 2012 年的《房屋建筑与装饰工程预算定额》。

（2）人工、材料、机械单价采用 2020 年 12 月的《北京工程造价信息》（以下简称信息价），没有信息价的，采用市场价格（以下简称市场价），人工、材料、机械单价见表 1–3。

表 1–3　人工、材料、机械单价

序号	名称及规格	单位	不含增值税的市场价（元）
一	人工类别		
1	综合工日（870001）	工日	122
二	材料类别		
1	弃土或渣土消纳	m^3	35
2	柴油	kg	5.51
三	机械类别		
1	推土机　综合	台班	1 194.5
2	蛙式打夯机	台班	7.55
3	履带式单斗挖土机　1.0m^3	台班	1 141.28
4	自卸汽车　15t	台班	1 292.66
5	电动打钎机	台班	225.1
6	自卸汽车　12t	台班	1 292.66

（二）措施项目费

本项目暂不计算措施项目费，在项目 7 的“项目实训”中单独计算。

（三）其他项目费

无其他项目费。

（四）相关费率和税率

（1）企业管理费费率采用北京市现行标准，执行“单层建筑、其他”类的费率，为 8.4%。

（2）利润费率采用北京市的利润费率标准，为 7%。

（3）社会保险费率和住房公积金费率采用北京市现行的费率标准。社会保险费包括基本医疗保险基金、基本养老保险费、失业保险基金、工伤保险基金、残疾人就业保险金、生育保险六项，费率为 13.79%。住房公积金费率为 5.97%。

（4）税金采用现行的增值税税率标准，为 9%。

实训分析

1. 读图、识图

土方工程量的计算主要依据基础平面图及断面图，外墙基础的断面图为附图 4 中的 1–1，内墙基础的断面图为附图 4 中的 2–2，2 号轴线与其他轴线情况不一样。

2. 清单工程量计算分析

（1）平整场地。

本实训中建筑物场地厚度≤ ±300mm，因此按“平整场地”的项目编码列项。

（2）基础开挖土方。

外墙基础土方开挖底宽度 = 1.5< 基础宽度 > + 0.1< 垫层宽出部分 > × 2 + 0.3< 垫层工作面宽度 > × 2 = 2.3（m），底宽≤ 7m 且底长 >3 倍底宽，因此按“挖沟槽土方”的项目编码列项。

1）基础垫层长度。由本实训的基础平面图及断面图可知，所有轴线与中心线均不重合且偏差 60mm，因此在计算外墙基础垫层中心线长度时，需要考虑轴线与中心线的偏差情况。

计算外墙基础垫层中心线长度时，可以采用移动轴线拼成矩形的方法。

计算内墙基础垫层净长线时，以内墙基础轴线间距减去外墙基础垫层靠近内墙一侧的垫层宽度。

2）挖土深度。挖土深度从基础垫层下表面标高算至交付施工场地标高，基础垫层下表面标高为：

–2.2 < 基础底面标高 > – 0.1< 垫层厚度 > = – 2.3（m）

（3）基础回填方。

本实训中的自然地坪是指交付的施工场地地坪。

（4）余方弃置。

本实训中利用回填方体积为室内回填土（房心回填土）和基础回填土。

3. 清单计价分析

（1）人工、材料、机械单价。

1）人工、材料、机械单价均为不含增值税的单价。

2）无信息价的，一般采用询价的方式获取市场价格。询价的方式有现场询价、线上询价（包括电话询价、网上询价）等。

（2）分部分项工程费。

1）直接工程费 = 定额工程量 × 调整后的定额子目单价 = 人工费 + 材料费 + 机械费。

定额工程量应按国家或省级、行业建设主管部门发布的工程预算定额的工程量计算规则计算。

2）企业管理费 = 直接工程费 × 企业管理费费率（%）。

3）利润 =（直接工程费 + 企业管理费）× 利润率（%）。

4）风险费：该项费用适用于投标报价，招标控制价一般不计取。

5）综合单价。采用合价法编制。

综合单价 = 分部分项工程费 1÷ 清单工程量

分部分项工程费 1 = 直接工程费 + 企业管理费 + 利润 + 风险费

6）分部分项工程费 2。

分部分项工程费 2 = 清单工程量 × 综合单价

说明：由上式计算的分部分项工程费 2 与计算综合单价时的分部分项工程费 1 会有较小的差异，这是由计算综合单价时，采用了四舍五入、精确到人民币“分”导致的。

（3）规费。

目前，一般只计算社会保险费和住房公积金。

1）社会保险费和住房公积金 = 计算基数 × 社会保险费和住房公积金费率（%）。

计算基数为分部分项工程费、措施项目费、其他项目费中的人工费之和。

2）农民工工伤保险费已包括在社会保险费中，投标报价需要单独列出。

（4）税金。

税金 = 计算基数 × 税率（%）

计算基数为分部分项工程费、措施项目费、其他项目费、规费之和。

实训内容

一、编制工程量清单

步骤 1 计算平整场地清单工程量。

建筑物首层建筑面积计算过程详见项目 7 的“项目实训”，为 107.48m^2。

步骤 2 计算挖沟槽土方清单工程量。

1. 计算基础垫层长度

（1）计算外墙基础垫层长度。

按中心线计算，由本实训的基础平面图及断面图可知，所有轴线均与中心线偏差 0.06m，因此需要考虑轴线与中心线的偏差情况：

$$(16.8+0.06\times2)\times2+(7.6+0.06\times2)\times2+1.8\times2=52.88\text{ (m)}$$

（2）计算内墙基础垫层长度。

按内墙基础垫层净长线计算，由本实训的基础平面图及断面图可知：

C 轴：$4.2-0.79-0.91=2.5$（m）

4 轴：$3.8-0.79\times2=2.22$（m）

小计：$2.5+2.22=4.72$（m）

2. 计算挖土深度

由本实训的基础断面图可知，本实训中交付施工场地标高为 -0.5m。因此，基础沟槽的挖土深度为：

$$H=2.2+0.1-0.5=1.8\text{（m）}$$

3. 计算挖土体积

由本实训的基础断面图可知，基础垫层每边比基础宽 0.1m，则：

外墙基础（附图 4 中的 1−1）垫层宽度为：$B=1.5+0.1\times2=1.7$（m）

内墙基础（附图 4 中的 2−2）垫层宽度为：$B=1.3+0.1\times2=1.5$（m）

外墙基础（附图 4 中的 1−1）沟槽挖土体积 $=B\times L\times H=1.7\times52.88\times1.8=161.81$（$m^3$）

内墙基础（附图 4 中的 2−2）沟槽挖土体积 $=B\times L\times H=1.5\times4.72\times1.8=12.74$（$m^3$）

小计：$161.81+12.74=174.55$（m^3）

步骤 3 计算基础回填方清单工程量。

基础回填土的计算公式为：

$$V_{\text{基础回填}}=V_{\text{挖土}}-V_{\text{自然地坪以下埋设的基础和垫层等}}$$
$$=V_{\text{挖土}}-V_{\text{交付施工场地地坪以下埋设的基础和垫层等}}$$

由本实训的基础平面图及断面图可知，本实训中交付施工场地地坪以下埋设的有混凝土垫层、混凝土基础、混凝土柱、基础砖墙。

1. 计算混凝土垫层、混凝土基础的体积

计算过程详见项目 2 的“项目实训”，混凝土垫层体积为 $9.7m^3$，混凝土基础体积为 $42.99m^3$。

2. 计算混凝土柱的体积

$$14\times0.36\times0.36\times(1.7-0.5)=2.18\text{（}m^3\text{）}$$

3. 计算基础砖墙的体积

（1）计算基础砖墙长。

外墙的基础砖墙长：

$$[(16.8-0.12\times2-0.36\times3)+(7.6-0.12\times2-0.36)+(1.8-0.12-0.24)]\times2=47.84\text{（m）}$$

内墙的基础砖墙长：

$(4.2-0.12-0.24)+(3.8-0.12\times2)=7.4$（m）

（2）计算基础砖墙高。

2.2<基础底面标高>－0.5<基础高度>－0.5<交付施工场地标高>＝1.2（m）

（3）计算基础砖墙体积。

$V_{外墙基础砖墙}=47.84\times1.2\times0.36=20.67$（$m^3$）

$V_{内墙基础砖墙}=7.4\times1.2\times0.24=2.13$（$m^3$）

基础砖墙体积 $=20.67+2.13=22.8$（m^3）

4. 计算自然地坪以下埋设的基础和垫层等的体积

$V_{交付施工场地地坪以下埋设的基础和垫层等}=9.7+42.99+2.18+22.8=77.67$（$m^3$）

因此：

$V_{基础回填}=V_{挖土}-V_{交付施工场地地坪以下埋设的基础和垫层等}=174.55-77.67=96.88$（$m^3$）

步骤 4 计算室内回填方清单工程量。

室内回填方的计算公式为：

$V_{室内回填}=S_{主墙间}\times H$

1. 计算室内回填土厚度

由本实训的基础断面图可知，室内回填土的厚度（交付施工场地地坪至首层地面垫层下表面的高度）$H=(-0.1)-(-0.5)=0.4$（m）。

2. 计算主墙间的面积

（1）餐厅。

由本实训的建筑平面图、基础平面图及断面图可知，（1–2）轴间的 C 轴内墙面与（2–3）轴间的 C 轴内墙面不在同一个立面上，两个内墙面错开了 60mm，可以将餐厅的基础平面划分为三个矩形：（A–C）轴 ×（1–2）轴、（A–C）轴 ×（2–3）轴、（A–B）轴 ×（3–4）轴。

1）（A–C）轴 ×（1–2）轴的矩形面积：

$(4.2-0.12-0.24)\times(3.8+1.8-0.12-0.06)=20.81$（$m^2$）

2）（A–C）轴 ×（2–3）轴的矩形面积：

$(4.2-0.12+0.24)\times(3.8+1.8-0.12\times2)=23.16$（$m^2$）

3）（A–B）轴 ×（3–4）轴的矩形面积：

$(4.2+0.12-0.18)\times(3.8-0.12\times2)=14.74$（$m^2$）

因此：

$S_{餐厅主墙间}=20.81+23.16+14.74=58.71$（$m^2$）

（2）卫生间。

$$S_{卫生间主墙间}=(4.2-0.24-0.12)\times(2-0.12-0.18)=6.53\ (m^2)$$

（3）操作室。

由本实训的建筑平面图、基础平面图及断面图可知，（A–B）轴间的 4 轴内墙面与（B–C）轴间的 4 轴内墙面不在同一个立面上，两个内墙面错开了 60mm，可以将操作室的基础平面划分为两个矩形：（A–B）轴 ×（4–5）轴、（B–C）轴 ×（4–5）轴。

1）（A–B）轴 ×（4–5）轴的矩形面积：

$$(4.2-0.06-0.12)\times(3.8-0.12\times2)=14.31\ (m^2)$$

2）（B–C）轴 ×（4–5）轴的矩形面积：

$$(4.2-0.12\times2)\times1.8=7.13\ (m^2)$$

因此：

$$S_{操作室主墙间}=14.31+7.13=21.44\ (m^2)$$

3. 计算室内回填土体积

餐厅、卫生间和操作室 3 个房间的主墙间面积：

$$S_{主墙间}=58.71+6.53+21.44=86.68\ (m^2)$$

$$V_{室内回填}=S_{主墙间}\times H=86.68\times0.4=34.67\ (m^3)$$

步骤 5 计算余方弃置清单工程量。

1. 计算回填土体积

$$V_{回填土}=V_{基础回填}+V_{室内回填}=96.88+34.67=131.55\ (m^3)$$

2. 计算余方弃置体积

$$V_{弃置}=V_{挖土}-V_{回填土}=174.55-131.55=43\ (m^3)$$

步骤 6 编制工程量清单，见表 1–4。

表 1–4 工程量清单

序号	项目编码	项目名称	项目特征	计量单位	工程量
1	010101001001	平整场地	1. 土壤类别：三类土 2. 弃土运距：30km	m^2	107.48
2	010101003001	挖沟槽土方	1. 土壤类别：三类土 2. 挖土深度：1.8m 3. 弃土运距：30km	m^3	174.55
3	010103001001	基础回填方	1. 密实度要求：压实系数≥ 0.97 2. 填方材料品种：素土 3. 填方来源、运距：挖方	m^3	96.88
4	010103001002	室内回填方	1. 密实度要求：压实系数≥ 0.97 2. 填方材料品种：素土 3. 填方来源、运距：挖方	m^3	34.67

续表

序号	项目编码	项目名称	项目特征	计量单位	工程量
5	010103002001	余方弃置	1. 废弃料品种：素土 2. 运距：30km	m^3	43

二、编制工程量清单计价

步骤 1 选择定额子目并调整单价。

1. 选择定额子目

以北京市 2012 年的《房屋建筑与装饰工程预算定额》为例，选择挖沟槽土方（010101003001）、基础回填方（010103001001）、余方弃置（010103002001）三个清单项目的定额子目如下：

挖沟槽土方（010101003001）包含的定额子目：打钎拍底（1–5）、机挖沟槽（1–58）。

基础回填方（010103001001）包含的定额子目：基础回填 回填土 夯填（1–30）。

余方弃置（010103002001）包含的定额子目：土方运距每增减 5km（1–42）、土方场外运输运距 15km 以内（1–60）。

2. 调整定额子目单价

采用人工、材料、机械的信息价或市场价将定额子目单价调整为当前的价格，消耗量采用国家或省级、行业建设主管部门发布的定额子目的消耗量。以上所选的定额子目单价调整结果见表 1–5。

表 1–5 定额子目单价的调整结果

序号	定额编号	名称	单位	定额消耗量	不含税单价	合价（元）
一	1–5	打钎拍底	m^2			
（一）		人工				
1		综合工日（870001）	工日	0.032	122	3.9
（二）		材料				
		—		—	—	—
（三）		机械				
1		电动打钎机	台班	0.004 1	225.1	0.92
2		其他机具费	元			0.1
小计						4.92

续表

序号	定额编号	名称	单位	定额消耗量	不含税单价	合价（元）
二	1-58	机挖沟槽	m^3			
(一)		人工				
1		综合工日（870001）	工日	0.05	122	6.1
(二)		材料				
1		柴油	kg	0.229 8	5.51	1.27
(三)		机械				
1		推土机　综合	台班	0.000 7	1 194.5	0.84
2		挖土机 1.0m^3	台班	0.003 1	1 141.28	3.54
3		其他机具费		4%	6.1	0.24
小计						11.99
三	1-30	基础回填　回填土　夯填	m^3			
(一)		人工				
1		综合工日（870001）	工日	0.26	122	31.72
(二)		材料				
		—		—	—	—
(三)		机械				
1		蛙式打夯机	台班	0.008	7.55	0.06
2		其他机具费	元			0.77
小计						32.55
四	1-42	土方运距每增减 5km	m^3			
(一)		人工				
		—		—	—	—
(二)		材料				
1		柴油	kg	0.275	5.51	1.52
(三)		机械				
1		自卸汽车 15t	台班	0.005	1 292.66	6.46
小计						7.98
五	1-60	土方场外运输运距 15km 以内	m^3			
(一)		人工				
		—		—	—	—
(二)		材料				

续表

序号	定额编号	名称	单位	定额消耗量	不含税单价	合价（元）
1		柴油	kg	0.781	5.51	4.3
2		弃土或渣土消纳	m^3	1	35	35
（三）		机械				
1		自卸汽车 12t	台班	0.014 2	1 292.66	18.36
小计						57.66

步骤 2 计算直接工程费。

定额工程量的计算（计算过程略）以北京市 2012 年的《房屋建筑与装饰工程预算定额》中工程量的计算规则为例，直接工程费的计算结果见表 1–6。

表 1–6 直接工程费的计算结果

序号	清单编码 / 定额编号	名称	工程量		价值（元）		其中：人工费（元）	
			单位	数量	单价	合价	单价	合价
一	010101001001	平整场地	m^2	107.48				
1	1–2	平整场地 机械	m^2	107.48	1.93	207.44	0.85	91.36
二	010101003001	挖沟槽土方	m^3	174.55				
1	1–5	打钎拍底	m^2	96.98	4.92	477.14	3.9	378.22
2	1–58	机挖沟槽	m^3	308.35	11.99	3 697.12	6.1	1 880.94
三	010103001001	基础回填方	m^3	96.88				
1	1–30	基础回填 回填土　夯填	m^3	228.6	32.55	7 440.93	31.72	7 251.19
四	010103001002	室内回填方	m^3	34.67				
1	1–34	基础回填 房心回填土	m^3	26	48.42	1 258.92	47.21	1 227.46
五	010103002001	余方弃置	m^3	43				
1	1–60	土方场外运输 运距 15km 以内	m^3	53.75	57.66	3 099.23	0	0
2	（1–42）×3	土方运距每增 减 5km	m^3	53.75	23.94	1 286.78	0	0
合计						17 467.56		10 829.17

步骤 3 计算综合单价。

每个清单项目的直接工程费均为其项下所有定额子目合价之和，如：挖沟槽土方（010101003001）的直接工程费为“打钎拍底（1–5）”“机挖沟槽（1–58）”两个定额子目的合价之和；基础回填方（010103001001）的直接工程费为“基础回填 回填土 夯填（1–30）”一个定额子目的合价；余方弃置（010103002001）的直接工程费为“土方场外运输运距 15km 以内（1–60）”“土方运距每增减 5km（1–42）”两个定额子目的合价之和。

综合单价的计算结果见表 1–7。

表 1–7　综合单价

序号	清单编码	费用项目	计算基础	计算基数	计算费率	金额（元）
一	010101001001	平整场地				
1		直接工程费				207.44
2		企业管理费	直接工程费	207.44	8.40%	17.42
3		利润	直接工程费 + 企业管理费	224.86	7.00%	15.74
4		风险费（适用于投标报价）				0
5		分部分项工程费	直接工程费 + 企业管理费 + 利润 + 风险费			240.6
6		综合单价 = 项目 5÷ 清单工程量	分部分项工程费			2.24
二	010101003001	挖沟槽土方				
1		直接工程费				4 174.26
2		企业管理费	直接工程费	4 174.26	8.40%	350.64
3		利润	直接工程费 + 企业管理费	4 524.9	7.00%	316.74
4		风险费（适用于投标报价）				0
5		分部分项工程费	直接工程费 + 企业管理费 + 利润 + 风险费			4 841.64
6		综合单价 = 项目 5÷ 清单工程量	分部分项工程费			27.74
三	010103001001	基础回填方				
1		直接工程费				7 440.93
2		企业管理费	直接工程费	7 440.93	8.40%	625.04

续表

序号	清单编码	费用项目	计算基础	计算基数	计算费率	金额（元）
3		利润	直接工程费 + 企业管理费	8 065.97	7.00%	564.62
4		风险费（适用于投标报价）				0
5		分部分项工程费	直接工程费 + 企业管理费 + 利润 + 风险费			8 630.59
6		综合单价 = 项目 5 ÷ 清单工程量	分部分项工程费			89.09
四	010103001002	室内回填方				
1		直接工程费				1 258.92
2		企业管理费	直接工程费	1 258.92	8.40%	105.75
3		利润	直接工程费 + 企业管理费	1 364.67	7.00%	95.53
4		风险费（适用于投标报价）				0
5		分部分项工程费	直接工程费 + 企业管理费 + 利润 + 风险费			1 460.2
6		综合单价 = 项目 5 ÷ 清单工程量	分部分项工程费			42.12
五	010103002001	余方弃置				
1		直接工程费				4 386.01
2		企业管理费	直接工程费	4 386.01	8.40%	368.42
3		利润	直接工程费 + 企业管理费	4 754.43	7.00%	332.81
4		风险费（适用于投标报价）				0
5		分部分项工程费	直接工程费 + 企业管理费 + 利润 + 风险费			5 087.24
6		综合单价 = 项目 5 ÷ 清单工程量	分部分项工程费			118.31
合计						20 260.27

步骤 4 计算分部分项工程费。

分部分项工程费合价 = 清单工程量 × 综合单价，计算结果见表 1-8。

表 1-8　分部分项工程费

序号	项目编码	项目名称	项目特征描述	计量单位	工程量	金额（元）		
						综合单价	合价	其中 暂估价
1	010101001001	平整场地	1. 土壤类别：三类土 2. 弃土运距：30km	m^2	107.48	2.24	240.76	0
2	010101003001	挖沟槽土方	1. 土壤类别：三类土 2. 挖土深度：1.9m 3. 弃土运距：30km	m^3	174.55	27.74	4 842.02	0
3	010103001001	基础回填方	1. 密实度要求：压实系数≥ 0.97 2. 填方材料品种：素土 3. 填方来源、运距：挖方	m^3	96.88	89.09	8 631.04	0
4	010103001002	室内回填方	1. 密实度要求：压实系数≥ 0.97 2. 填方材料品种：素土 3. 填方来源、运距：挖方	m^3	34.67	42.12	1 460.30	0
5	010103002001	余方弃置	1. 废弃料品种：素土 2. 运距：30km	m^3	43	118.31	5 087.33	0
分部分项工程费小计							20 261.45	0

步骤 5　计算规费、税金。

规费、税金的计算结果见表 1-9。

表 1-9　规费、税金

序号	项目名称	计算基础	计算基数	计算费率	金额（元）
1	规费				2 139.84
1.1	社会保险费	（分部分项工程费 + 措施项目费 + 其他项目费）中的人工费	10 829.17	13.79%	1 493.34
1.2	住房公积金	（分部分项工程费 + 措施项目费 + 其他项目费）中的人工费	10 829.17	5.97%	646.5
2	税金	分部分项工程费 + 措施项目费 + 其他项目费 + 规费	22 401.29	9.00%	2 016.12
合计					4 155.96

步骤 6　计算总价。

总价的计算结果见表 1-10。

表 1-10　总价

序号	汇总内容	金额（元）	其中：暂估价（元）
1	分部分项工程	20 261.45	0
1.1	土石方工程	20 261.45	0
2	措施项目	0	0
2.1	其中：安全文明施工费	0	0
3	其他项目	0	0
3.1	其中：暂列金额	0	0
3.2	其中：专业工程暂估价	0	0
3.3	其中：计日工	0	0
3.4	其中：总承包服务费	0	0
4	规费	2 139.84	0
5	税金	2 016.12	0
合计 =1+2+3+4+5		24 417.41	0

技能检测

一、单选题

1. 根据《房屋建筑与装饰工程量计算规范》（GB 50854-2013）的规定，建筑物外墙砖基础垫层底宽为 850mm，基槽挖土深度为 1 600mm，设计中心线长为 40 000mm，土层为三类土，放坡系数为 1：0.33，则此外墙基础人工挖沟槽工程量应为（　　）。（2013 年注册造价工程师考试题）

A.346m³　　B.54.4m³　　C.88.2m³　　D.113.8m³

2. 根据《房屋建筑与装饰工程量计算规范》（GB 50854-2013）的规定，下列关于土方的项目列项或工程量的计算中，正确的为（　　）。（2015 年注册造价工程师考试题）

A. 建筑物场地厚度为 350mm 的挖土应按平整场地项目列项

B. 挖一般土方的工程量通常按开挖虚方体积计算

C. 基础土方开挖需区分沟槽、基坑和一般土方项目分别列项

D. 冻土开挖工程量按虚方体积计算

3. 根据《房屋与装饰工程工程量计算规范》（GB 50854-2013）的规定，土方工程的开挖设计长为 20m，宽为 6m，深度为 0.8m，在清单中列项应为（　　）。（2016 年注册造价工程师考试题）

A. 平整场地　　B. 挖沟槽　　C. 挖基坑　　D. 挖一般土方

4. 根据《房屋建筑与装饰工程工程量计算规范》(GB 50854-2013）的规定，某建筑物场地土方工程，设计基础长 27m，宽为 8m，周边开挖深度均为 2m，实际开挖后场内堆土量为 570m^3，则土方工程量为（　　）。(2017 年注册造价工程师考试题）

A. 平整场地 216m^3　　B. 沟槽土方 655m^3

C. 基坑土方 528m^3　　D. 一般土方 438m^3

5. 某建筑物砂土场地，设计开挖面积为 20m × 7m，自然地面标高为 − 0.2m，设计室外地坪高为 − 0.3m，设计开挖底面标高为 − 1.2m。根据《房屋建筑与装饰工程量计算规范》(GB 50854-2013）的规定，土方工程清单工程量计算应（　　）。(2019 年注册造价工程师考试题）

A. 执行挖一般土方项目，工程量为 140m^3

B. 执行挖一般土方项目，工程量为 126m^3

C. 执行挖基坑土方项目，工程量为 140m^3

D. 执行挖基坑土方项目，工程量为 126m^3

二、多选题

根据《房屋建筑与装饰工程工程量计算规范》(GBT 50854-2013）的规定，关于土方工程量的计算与项目列项，下列说法正确的有（　　）。(2016 年注册造价工程师考试题）

A. 建筑物场地挖、填厚度≤ ±300mm 的挖土应按一般土方项目编码列项计算

B. 平整场地工程量按设计图示尺寸以建筑物首层建筑面积计算

C. 挖一般土方应按设计图示尺寸以挖掘前天然密实体积计算

D. 挖沟槽土方工程量按沟槽设计图纸图示中心线长度计算

E. 挖基坑土方工程量按设计图示尺寸以体积计算

项目 2　混凝土及钢筋混凝土工程工程量清单与计价

项目导读

混凝土及钢筋混凝土工程工程量清单主要包括现浇混凝土垫层、基础、柱、梁、墙、板、楼梯、后浇带，预制混凝土柱、梁、屋架、板、楼梯，钢筋工程等。

通过学习《房屋建筑与装饰工程工程量计算规范》(GB 50854—2013）中混凝土及钢筋混凝土工程的相关内容，熟悉混凝土及钢筋混凝土工程工程量清单编制的相关内容，掌握混凝土及钢筋混凝土工程工程量清单的计算规则，了解定额工程量与清单工程量计算规则的区别，能够编制混凝土及钢筋混凝土工程的工程量清单。

依据《建设工程工程量清单计价规范》(GB 50500—2013)，通过学习混凝土及钢筋混凝土工程工程量清单计价的编制，掌握工程量清单计价的编制流程、方法等。

项目重点

1. 定额工程量与清单工程量计算规则的区别。
2. 混凝土工程量的计算规则。
3. 混凝土工程工程量清单计价的编制。

思政目标

通过本项目的学习，帮助学生解决在编制工程量清单与计价过程中遇到的问题和困难，培养学生认真负责的工作态度和求真务实的科学精神。

任务 2.1 混凝土垫层和基础

任务目标

- 熟悉混凝土垫层和基础清单项目的内容。
- 掌握混凝土垫层和基础清单工程量的计算规则。
- 能够编制混凝土垫层和基础的工程量清单。
- 遵守工程量清单编制的相关法律法规、规范的要求。

2.1.1 本任务涉及的清单项目

本任务涉及的清单项目见表 2-1。

表 2-1 本任务涉及的清单项目

项目编码	项目名称	项目特征	计量单位	工程量计算规则	工作内容
010501001	垫层	1. 混凝土种类 2. 混凝土强度等级	m^3	按设计图示尺寸以体积计算。不扣除伸入承台基础的桩头所占体积	1. 模板及支撑制作、安装、拆除、堆放、运输及清理模内杂物、刷隔离剂等 2. 混凝土制作、运输、浇筑、振捣、养护
010501002	带形基础				

2.1.2 基础类型

1. 独立基础

（1）阶台形基础如图 2-1 所示。

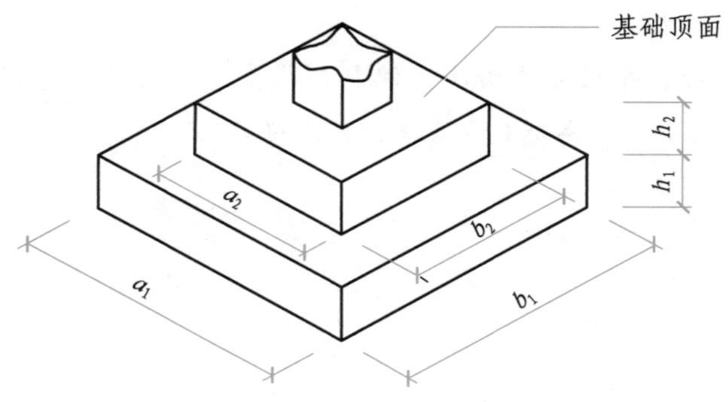

图 2-1 阶台形基础

（2）锥台形基础如图 2-2 所示。

（3）杯形基础如图 2-3 所示。

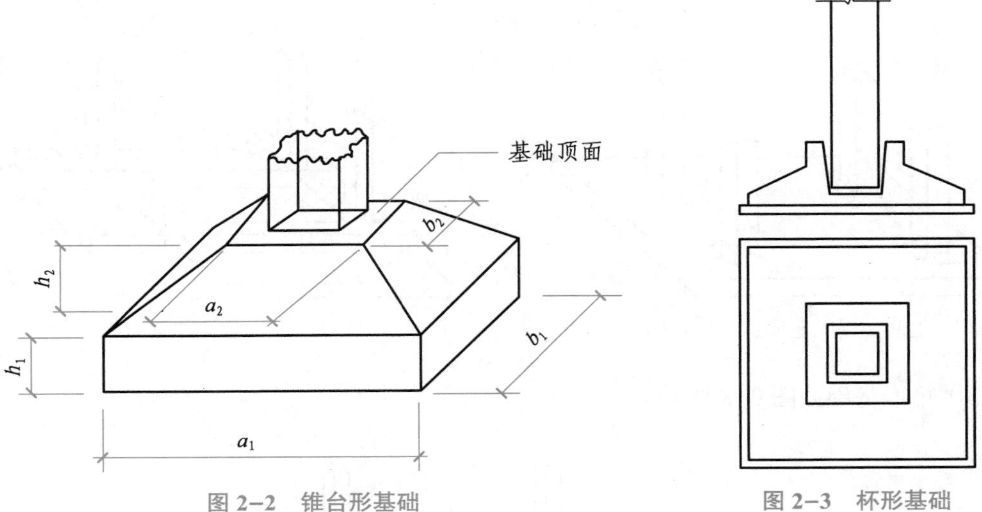

图 2-2　锥台形基础　　图 2-3　杯形基础

2. 带形（条形）

（1）无梁式（板式）带形基础如图 2-4 所示。

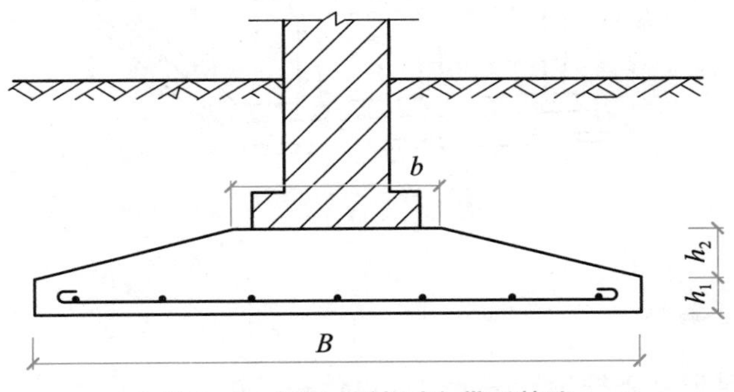

图 2-4　无梁式（板式）带形基础

（2）有梁式（带肋）带形基础如图 2-5 所示。

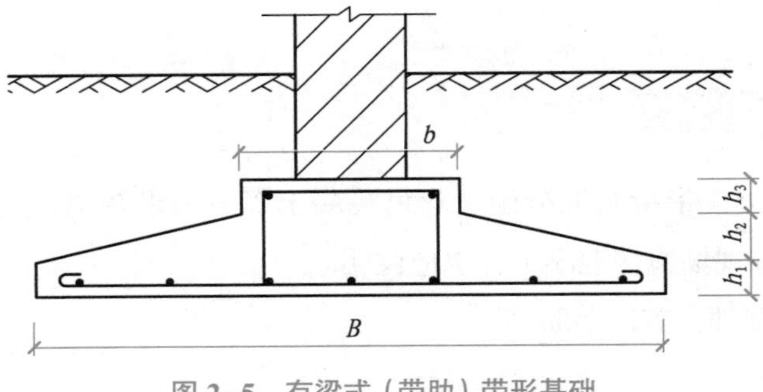

图 2-5　有梁式（带肋）带形基础

3. 满堂基础（筏板基础）

（1）无梁式筏板基础如图 2–6 所示。

（2）有梁式筏板基础如图 2–7 所示。

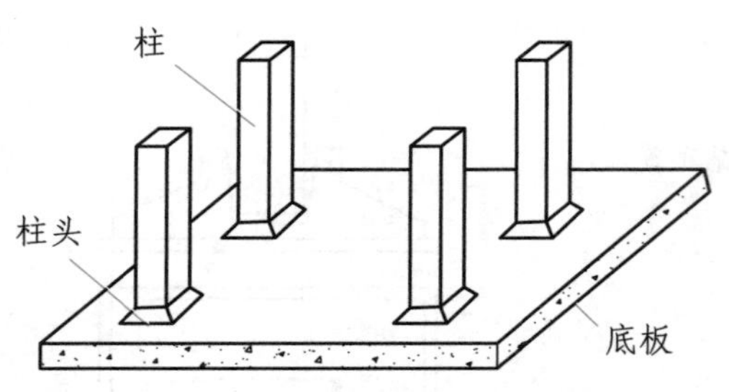

图 2–6　无梁式筏板基础

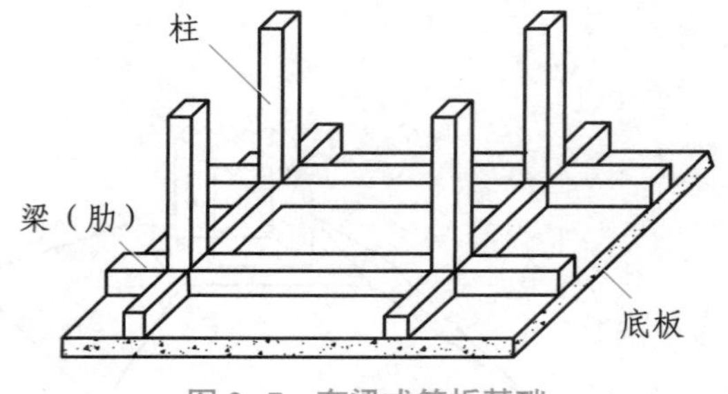

图 2–7　有梁式筏板基础

（3）箱形基础如图 2–8 所示。

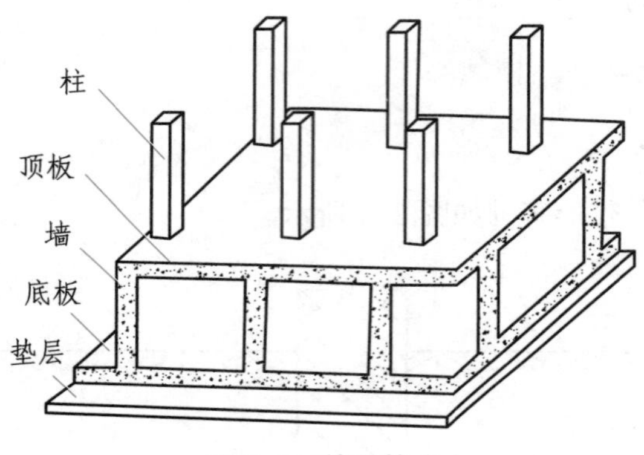

图 2–8　箱形基础

2.1.3 计算规则

混凝土垫层和带形基础按设计图示尺寸以体积计算。不扣除伸入承台基础的桩头所占体积。

带形基础（垫层）长度的确定：外墙按基础（垫层）中心线计算，内墙按基础（垫层）净长线计算。

2.1.4 清单编制说明

（1）混凝土种类：指清水混凝土、彩色混凝土等。如果在同一地区既使用预拌（商品）混凝土，又允许现场搅拌混凝土，也应注明。

（2）有肋带形基础：需注明肋高。

（3）箱式满堂基础。

1）柱、梁、墙、板按《房屋建筑与装饰工程工程量计算规范》（GB 50854-2013）附录表 E.2、E.3、E.4、E.5 相关项目分别编码列项。

2）基础底板按满堂基础（010501004）清单项目列项。

（4）框架式设备基础。

1）柱、梁、墙、板按《房屋建筑与装饰工程工程量计算规范》（GB 50854-2013）附录表 E.2、E.3、E.4、E.5 相关项目分别编码列项。

2）基础按《房屋建筑与装饰工程工程量计算规范》（GB 50854-2013）附录表 E.1 相关项目编码列项。

（5）毛石混凝土基础。其项目特征应描述毛石所占比例。

任务 2.2 现浇混凝土柱和墙

任务目标

- 熟悉现浇混凝土柱和墙清单项目的内容。
- 掌握现浇混凝土柱和墙清单工程量的计算规则。
- 能够编制现浇混凝土柱和墙的工程量清单。
- 遵守工程量清单编制的相关法律法规、规范的要求。

2.2.1 本任务涉及的清单项目

本任务涉及的清单项目见表 2-2。

表 2-2　本任务涉及的清单项目

项目编码	项目名称	项目特征	计量单位	工程量计算规则	工作内容
010502001	矩形柱	1. 混凝土种类 2. 混凝土强度等级	m^3	按设计图示尺寸以体积计算。 其他计算规则详见“2.2.3 计算规则”	1. 模板及支架（撑）制作、安装、拆除、堆放、运输及清理模内杂物、刷隔离剂等 2. 混凝土制作、运输、浇筑、振捣、养护
010502002	构造柱				

2.2.2 现浇混凝土墙的清单项目

现浇混凝土墙的清单项目见表 2-3。

表 2-3 现浇混凝土墙的清单项目

项目编码	项目名称	项目特征	计量单位	工程量计算规则	工作内容
010504001	直形墙	1. 混凝土种类 2. 混凝土强度等级	m^3	按设计图示尺寸以体积计算。 其他计算规则详见"2.2.3 计算规则"	1. 模板及支架（撑）制作、安装、拆除、堆放、运输及清理模内杂物、刷隔离剂等 2. 混凝土制作、运输、浇筑、振捣、养护
010504002	弧形墙				
010504003	短肢剪力墙				
010504004	挡土墙				

2.2.3 计算规则

1. 现浇混凝土柱

按设计图示尺寸以体积计算，依附柱上的牛腿和升板的柱帽，并入柱身体积计算。

（1）有梁板的柱高。

1）有梁板的首层柱高以柱基上表面至上一层楼板上表面之间的高度计算，如图 2-9 所示。

2）有梁板 2 层及以上的柱高以楼板上表面至上一层楼板上表面之间的高度计算，如图 2-10 所示。

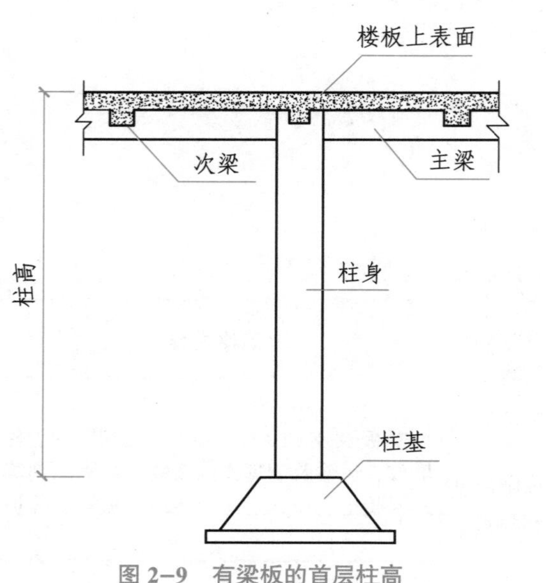

图 2-9 有梁板的首层柱高

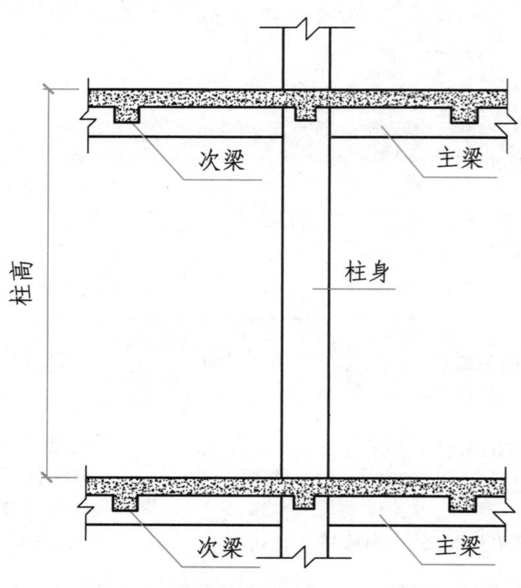

图 2-10 有梁板 2 层及以上的柱高

（2）无梁板的柱高。

1）无梁板的首层柱高以柱基上表面至柱帽下表面之间的高度计算，如图 2-11 所示。

2）无梁板 2 层及以上的柱高以楼板上表面至柱帽下表面之间的高度计算，如图 2-12 所示。

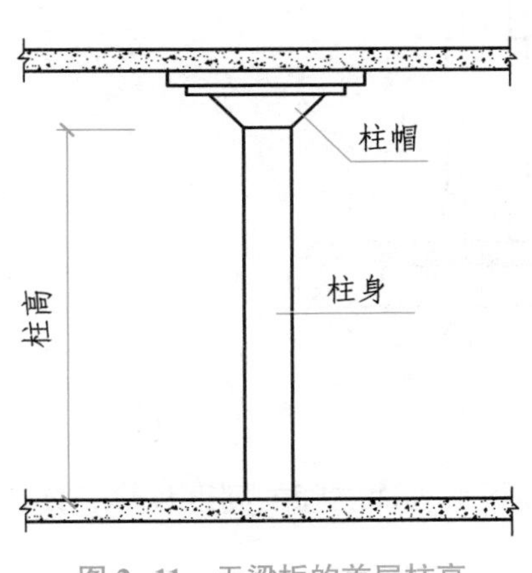

图 2-11　无梁板的首层柱高

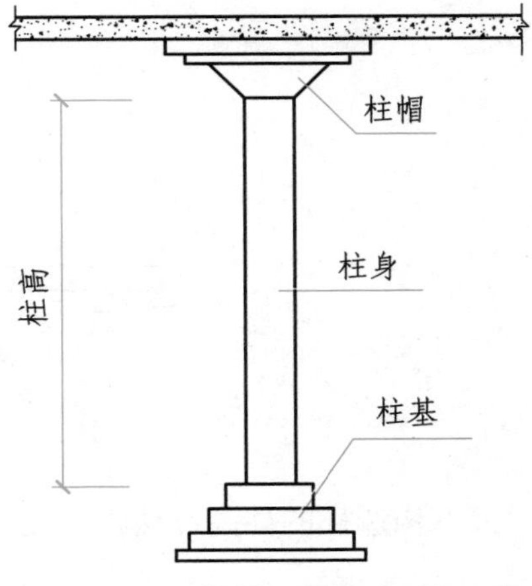

图 2-12　无梁板 2 层及以上的柱高

（3）框架柱的柱高。

框架柱的柱高以柱基上表面至柱顶的高度计算，如图 2-13 所示。

（4）构造柱的柱高。

构造柱按全高计算，嵌接墙体部分（马牙槎）并入柱身体积，如图 2-14 所示。

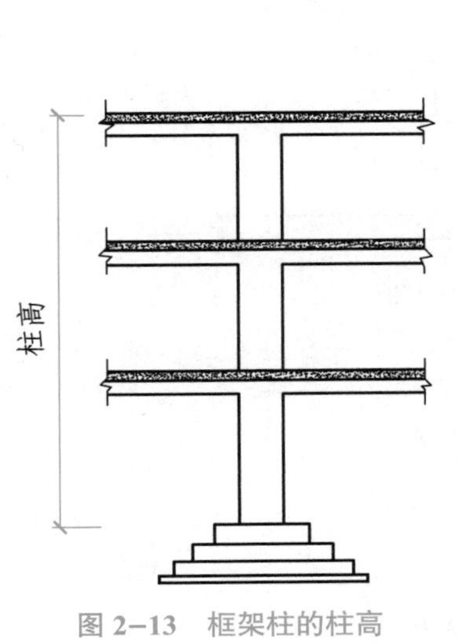

图 2-13　框架柱的柱高

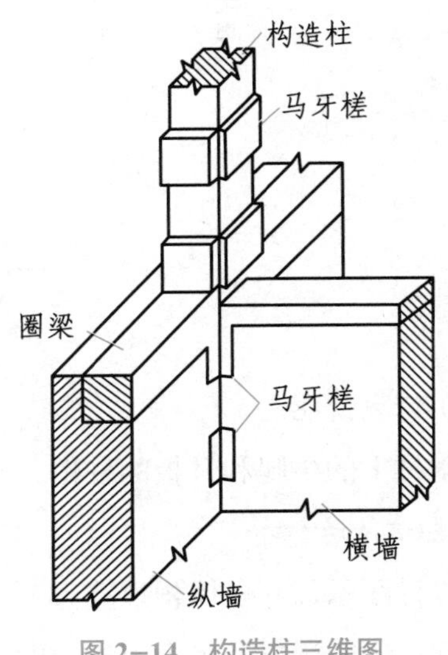

图 2-14　构造柱三维图

1）梁下构造柱的柱高以楼板上表面至梁下表面之间的高度计算，如图 2-15 所示。

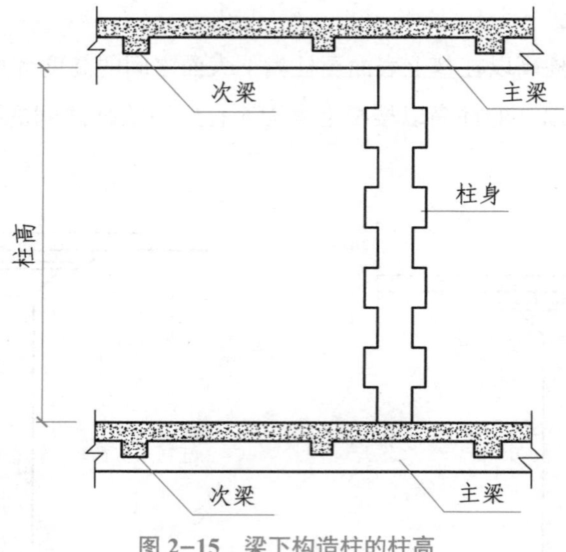

图 2-15　梁下构造柱的柱高

2）板下构造柱的柱高以楼板上表面至上一层楼板下表面之间的高度计算，如图 2-16 所示。

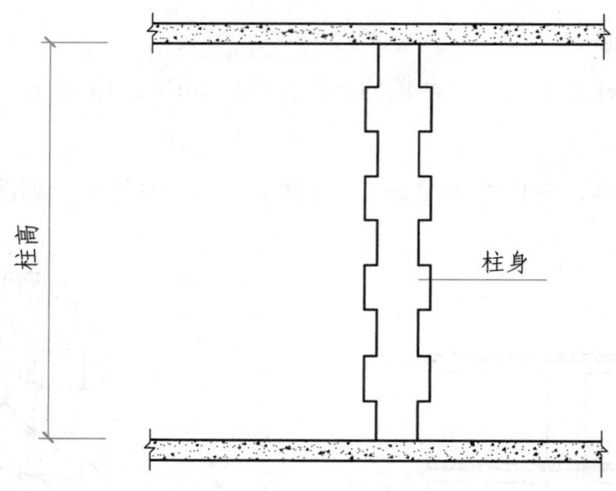

图 2-16　板下构造柱的柱高

（5）计算说明。

依附柱上的牛腿和升板的柱帽，并入柱身体积计算。

2. 现浇混凝土墙

按设计图示尺寸以体积计算。

扣除：门窗洞口及单个面积 >0.3m² 的孔洞所占体积。

墙垛及突出墙面部分并入墙体体积。

（1）墙长。

外墙按中心线计算，内墙按净长线计算。

（2）墙高。

1）墙与板连接时，墙高从基础（基础梁）或楼板上表面算至上一层楼板上表面。

2）墙与梁连接时，墙高算至梁底。

3）女儿墙：从屋面板上表面算至女儿墙上表面。

（3）清单编制说明。

1）短肢剪力墙：指截面厚度≤ 300mm，且 4< 各肢截面高度与厚度之比的最大值≤ 8 的剪力墙。

2）各肢截面高度与厚度之比的最大值≤ 4 的剪力墙，按柱项目编码列项。

任务 2.3 现浇混凝土梁和板

任务目标

- 熟悉现浇混凝土梁和板清单项目的内容。
- 掌握现浇混凝土梁和板清单工程量的计算规则。
- 能够编制现浇混凝土梁和板的工程量清单。
- 遵守工程量清单编制的相关法律法规、规范的要求。

2.3.1 本任务涉及的清单项目

本任务涉及的清单项目见表 2–4。

表 2–4　本任务涉及的清单项目

项目编码	项目名称	项目特征	计量单位	工程量计算规则	工作内容
010503002	矩形梁	1. 混凝土种类 2. 混凝土强度等级	m^3	按设计图示尺寸以体积计算。伸入墙内的梁头、梁垫并入梁体积内梁长： 1. 梁与柱连接时，梁长算至柱侧面 2. 主梁与次梁连接时，次梁长算至主梁侧面	1. 模板及支架（撑）制作、安装、拆除、堆放、运输及清理模内杂物、刷隔离剂等 2. 混凝土制作、运输、浇筑、振捣、养护
010503005	过梁				

续表

项目编码	项目名称	项目特征	计量单位	工程量计算规则	工作内容
010505001	有梁板	1. 混凝土种类 2. 混凝土强度等级	m^3	按设计图示尺寸以体积计算，不扣除单个面积≤ $0.3m^2$ 的柱、垛以及孔洞所占体积。 有梁板（包括主、次梁与板）按梁、板体积之和计算	1. 模板及支架（撑）制作、安装、拆除、堆放、运输及清理模内杂物、刷隔离剂等 2. 混凝土制作、运输、浇筑、振捣、养护

2.3.2 计算规则

1. 现浇混凝土梁

现浇混凝土梁按设计图示尺寸以体积计算，伸入墙内的梁头、梁垫并入梁体积内梁长。梁长的规定如下：

（1）梁与柱连接时，梁长算至柱侧面，如图 2-17 所示。

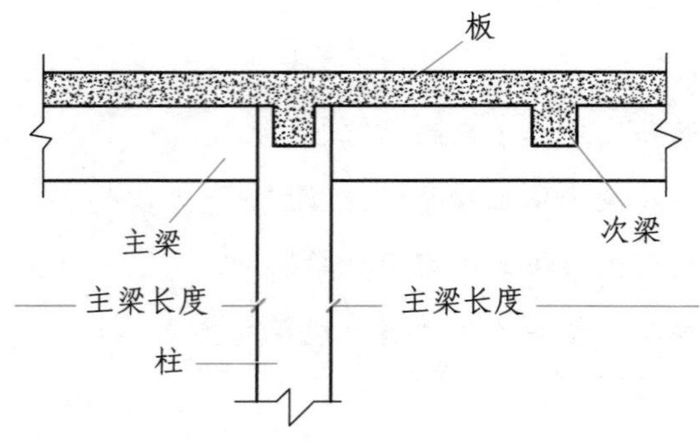

图 2-17　梁与柱连接时的梁长

（2）主梁与次梁连接时，次梁长算至主梁侧面，如图 2-18 所示。

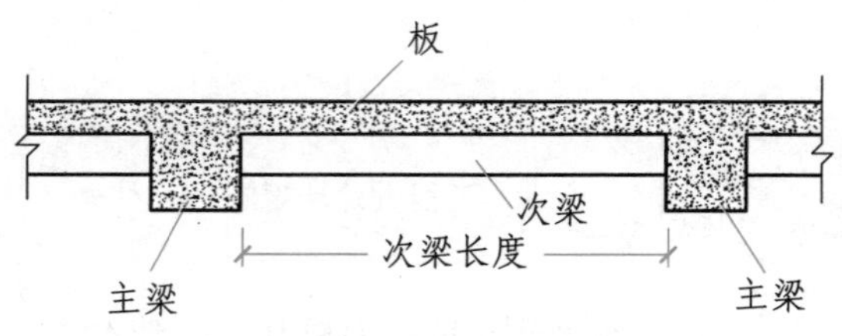

图 2-18　主梁与次梁连接时的次梁长

2. 现浇混凝土板

现浇混凝土板按设计图示尺寸以体积计算，不扣除单个面积≤ $0.3m^2$ 的柱、垛及孔洞所占体积；压型钢板混凝土楼板应扣除构件内压型钢板所占体积；有梁板（包括主、次梁与板）按梁、板体积之和计算；无梁板按板和柱帽体积之和计算，各类板伸入墙内的板头并入板体积内计算；薄壳板的肋、基梁并入薄壳体积内计算。

（1）板的图示面积的确定。

1）有梁板按主梁间的净尺寸计算，如图 2-19 所示。

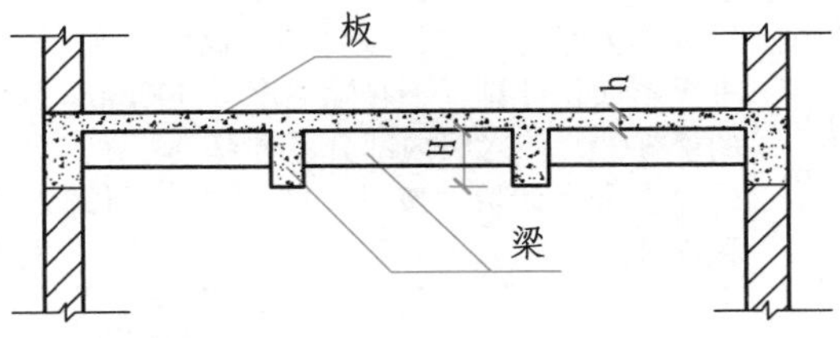

图 2-19　有梁板

2）无梁板按板外边线的水平投影面积计算，如图 2-20 所示。

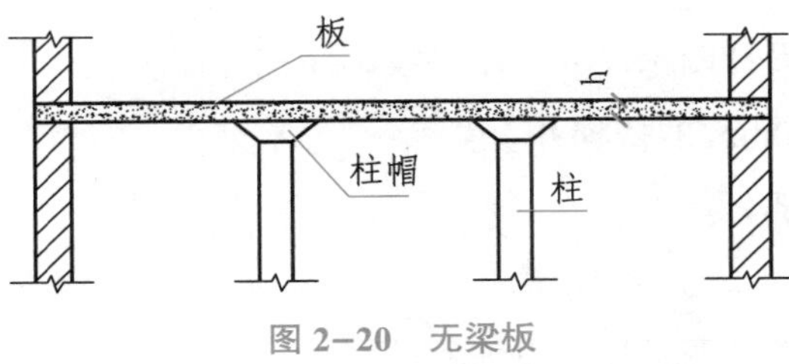

图 2-20　无梁板

（2）挑檐、天沟板、雨篷、阳台的分界线。

1）与板（包括屋面板、楼板）连接时，以外墙外边线为分界线。

2）与圈梁（包括其他梁）连接时，以梁外边线为分界线。

任务 2.4 现浇混凝土楼梯

任务目标

- 熟悉现浇混凝土楼梯清单项目的内容。
- 掌握现浇混凝土楼梯清单工程量的计算规则。
- 能够编制现浇混凝土楼梯的工程量清单。
- 遵守工程量清单编制的相关法律法规、规范的要求。

2.4.1 现浇混凝土楼梯的清单项目

现浇混凝土楼梯的清单项目见表 2-5。

表 2-5 现浇混凝土楼梯的清单项目

项目编码	项目名称	项目特征	计量单位	工程量计算规则	工作内容
010506001	直形楼梯	1. 混凝土种类 2. 混凝土强度等级	1.m^2 2.m^3	1. 以平方米计量，按设计图示尺寸以水平投影面积计算。不扣除宽度≤ 500mm 的楼梯井，伸入墙内部分不计算 2. 以立方米计量，按设计图示尺寸以体积计算	1. 模板及支架（撑）制作、安装、拆除、堆放、运输及清理模内杂物、刷隔离剂等 2. 混凝土制作、运输、浇筑、振捣、养护
010506002	异形楼梯				

2.4.2 计算规则

1. 按面积计算

现浇混凝土楼梯按设计图示尺寸以水平投影面积计算。

不扣除：宽度≤ 500mm 的楼梯井。

不计算：伸入墙内部分。

2. 按体积计算

现浇混凝土楼梯按设计图示尺寸以体积计算。

2.4.3 楼梯与现浇混凝土板的划分界限

（1）楼梯与现浇混凝土板之间有连接梁时，以与现浇混凝土板连接的连接梁侧面为分界线。

说明：整体楼梯的水平投影面积包括休息平台、平台梁、斜梁和楼梯的连接梁，如图 2-21 所示。

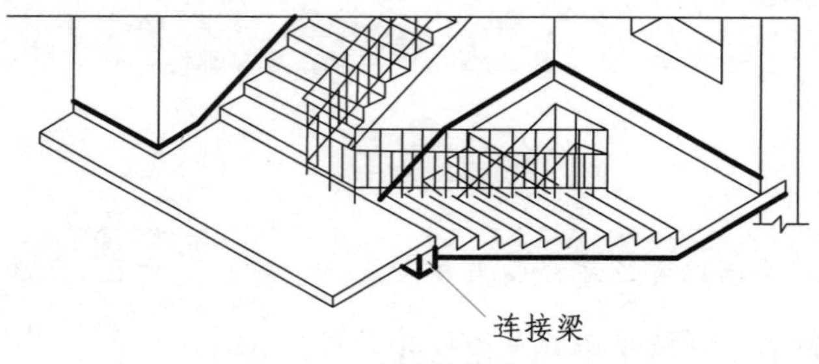

图 2-21 有连接梁的楼梯

（2）楼梯与现浇混凝土板之间无连接梁时，以楼梯的最后一个踏步边缘加 300mm 为分界线。

说明：整体楼梯的水平投影面积包括休息平台、平台梁、斜梁，如图 2-22 所示。

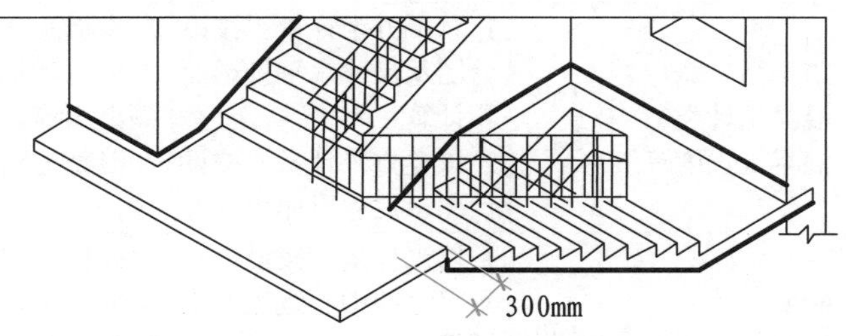

图 2-22　无连接梁的楼梯

任务 2.5 其他现浇混凝土构件

任务目标

- 熟悉其他现浇混凝土构件清单项目的内容。
- 掌握其他现浇混凝土构件清单工程量的计算规则。
- 能够编制其他现浇混凝土构件的工程量清单。
- 遵守工程量清单编制的相关法律法规、规范的要求。

2.5.1 本任务涉及的清单项目

本任务涉及的清单项目见表 2-6。

表 2-6　本任务涉及的清单项目

项目编码	项目名称	项目特征	计量单位	工程量计算规则	工作内容
010507001	散水、坡道	1. 垫层材料种类、厚度 2. 面层厚度 3. 混凝土种类 4. 混凝土强度等级 5. 变形缝填塞材料种类	m^2	按设计图示尺寸以水平投影面积计算。不扣除单个≤ $0.3m^2$ 的孔洞所占面积	1. 地基夯实 2. 铺设垫层 3. 模板及支撑制作、安装、拆除、堆放、运输及清理模内杂物、刷隔离剂等 4. 混凝土制作、运输、浇筑、振捣、养护 5. 变形缝填塞

续表

项目编码	项目名称	项目特征	计量单位	工程量计算规则	工作内容
010507004	台阶	1. 踏步高、宽 2. 混凝土种类 3. 混凝土强度等级	1.m^2 2.m^3	1. 以平方米计量，按设计图示尺寸水平投影面积计算 2. 以立方米计量，按设计图示尺寸以体积计算	1. 模板及支撑制作、安装、拆除、堆放、运输及清理模内杂物、刷隔离剂等 2. 混凝土制作、运输、浇筑、振捣、养护
010507005	扶手、压顶	1. 断面尺寸 2. 混凝土种类 3. 混凝土强度等级	1.m 2.m^3	1. 以米计量，按设计图示尺寸的中心线延长线计算 2. 以立方米计量，按设计图示尺寸以体积计算	1. 模板及支撑制作、安装、拆除、堆放、运输及清理模内杂物、刷隔离剂等 2. 混凝土制作、运输、浇筑、振捣、养护

2.5.2 计算规则

1. 散水、坡道、室外地坪

散水、坡道、室外地坪按设计图示尺寸以水平投影面积计算。

不扣除：单个≤ 0.3m^2 的孔洞所占面积。

2. 台阶

（1）按面积计算。按设计图示尺寸水平投影面积计算，如图 2-23 所示。

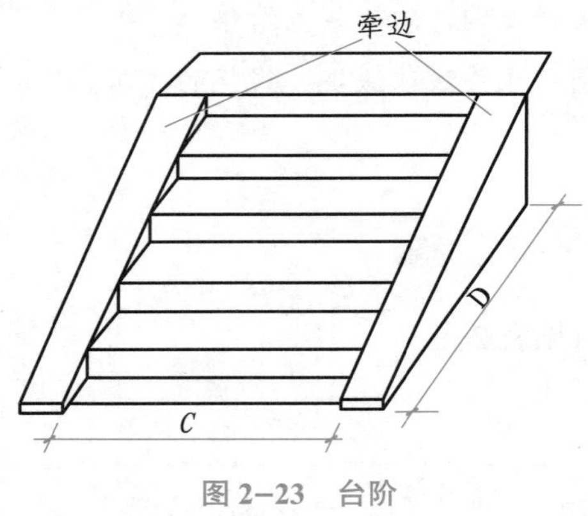

图 2-23 台阶

计算公式为：

$$S_{台阶}=C\times D$$

说明：架空式混凝土台阶，按现浇楼梯计算。

（2）按体积计算。按设计图示尺寸以体积计算。

3. 扶手、压顶

（1）按长度计算。按设计图示尺寸的中心线延长线计算。

（2）按体积计算。按设计图示尺寸以体积计算。

任务 2.6 钢筋工程和螺栓、铁件

任务目标

- 熟悉钢筋工程和螺栓、铁件清单项目的内容。
- 掌握钢筋工程和螺栓、铁件清单工程量的计算规则。
- 能够编制钢筋工程和螺栓、铁件的工程量清单。
- 遵守工程量清单编制的相关法律法规、规范的要求。

2.6.1 常用的工程量清单项目

1. 钢筋工程量清单项目

钢筋工程量清单项目见表 2-7。

表 2-7 钢筋工程量清单项目

<table>
<tr><th>项目编码</th><th>项目名称</th><th>项目特征</th><th>计量单位</th><th>工程量计算规则</th><th>工作内容</th></tr>
<tr><td>010515001</td><td>现浇构件钢筋</td><td rowspan="4">钢筋种类、规格</td><td rowspan="4">t</td><td rowspan="4">按设计图示钢筋（钢丝网）长度（面积）乘以单位理论质量计算</td><td rowspan="2">1. 钢筋制作、运输
2. 钢筋安装
3. 焊接（绑扎）</td></tr>
<tr><td>010515002</td><td>预制构件钢筋</td></tr>
<tr><td>010515003</td><td>钢筋网片</td><td>1. 钢筋网制作、运输
2. 钢筋网安装
3. 焊接（绑扎）</td></tr>
<tr><td>010515004</td><td>钢筋笼</td><td>1. 钢筋笼制作、运输
2. 钢筋笼安装
3. 焊接（绑扎）</td></tr>
<tr><td>010515005</td><td>先张法预应力钢筋</td><td>1. 钢筋种类、规格
2. 锚具种类</td><td>t</td><td>按设计图示钢筋长度乘以单位理论质量计算</td><td>1. 钢筋制作、运输
2. 钢筋张拉</td></tr>
<tr><td>010515006</td><td>后张法预应力钢筋</td><td rowspan="3">1. 钢筋种类、规格
2. 钢丝种类、规格
3. 钢绞线种类、规格
4. 锚具种类
5. 砂浆强度等级</td><td rowspan="3">t</td><td rowspan="3">按设计图示钢筋（丝束、绞线）长度乘以单位理论质量计算</td><td rowspan="3">1. 钢筋、钢丝、钢绞线制作、运输
2. 钢筋、钢丝、钢绞线安装
3. 预埋管孔道铺设
4. 锚具安装
5. 砂浆制作、运输
6. 孔道压浆、养护</td></tr>
<tr><td>010515007</td><td>预应力钢丝</td></tr>
<tr><td>010515008</td><td>预应力钢绞线</td></tr>
</table>

续表

项目编码	项目名称	项目特征	计量单位	工程量计算规则	工作内容
010515009	支撑钢筋（铁马）	钢筋种类、规格	t	按钢筋长度乘以单位理论质量计算	钢筋制作、焊接、安装

2. 螺栓、铁件工程量清单项目

螺栓、铁件工程量清单项目见表 2-8。

表 2-8　螺栓、铁件工程量清单项目

项目编码	项目名称	项目特征	计量单位	工程量计算规则	工作内容
010516001	螺栓	1. 螺栓种类 2. 规格	t	按设计图示尺寸以质量计算	1. 螺栓、铁件制作、运输 2. 螺栓、铁件安装
010516002	预埋铁件	1. 铁件种类 2. 规格 3. 铁件尺寸			
010516003	机械连接	1. 连接方式 2. 螺纹套筒种类 3. 规格	个	按数量计算	1. 钢筋套丝 2. 套筒连接

2.6.2　计算规则

1. 钢筋工程量

（1）构件钢筋、钢筋笼、先张法预应力钢筋。按设计图示钢筋长度乘以单位理论质量计算。

计算说明：现浇构件中伸出构件的锚固钢筋应并入钢筋工程量内。除设计（包括规范规定）标明的搭接外，其他施工搭接不计算工程量，在综合单价中考虑。

（2）钢筋网片。按设计图示钢丝网面积乘以单位理论质量计算。

（3）后张法预应力钢筋、预应力钢丝、预应力钢绞线。按设计图示钢筋（丝束、绞线）长度乘以单位理论质量计算。

后张法预应力钢筋、预应力钢丝、预应力钢绞线的长度根据以下情况确定：

1）低合金钢筋两端均采用螺杆锚具时，钢筋长度按孔道长度减 0.35m 计算，螺杆另行计算。

2）低合金钢筋一端采用镦头插片，另一端采用螺杆锚具时，钢筋长度按孔道长度计算，螺杆另行计算。

3）低合金钢筋一端采用镦头插片，另一端采用帮条锚具时，钢筋增加 0.15m 计算；两端均采用帮条锚具时，钢筋长度按孔道长度增加 0.3m 计算。

4）低合金钢筋采用后张混凝土自锚时，钢筋长度按孔道长度增加 0.35m 计算。

5）低合金钢筋（钢绞线）采用 JM、XM、QM 型锚具，孔道长度≤ 20m 时，钢筋长度增加 1m 计算；孔道长度 >20m 时，钢筋长度增加 1.8m 计算。

6）碳素钢丝采用锥形锚具，孔道长度≤ 20m 时，钢丝束长度按孔道长度增加 1m 计算；孔道长度 >20m 时，钢丝束长度按孔道长度增加 1.8m 计算。

7）碳素钢丝采用镦头锚具时，钢丝束长度按孔道长度增加 0.35m 计算。

（4）支撑钢筋（铁马）。按钢筋长度乘以单位理论质量计算。

计算说明：对于现浇构件中固定位置的支撑钢筋、双层钢筋用的铁马，在编制工程量清单时，如果设计未明确，其工程数量可为暂估量，结算时按现场签证数量计算。

2. 螺栓、预埋铁件工程量

（1）螺栓、预埋铁件工程量按设计图示尺寸以质量计算。

（2）钢筋接头机械连接按数量以个计算。

计算说明：在编制工程量清单时，如果设计未明确，其工程数量可为暂估量，实际工程量按现场签证数量计算。

项目实训

实训主题

一、工程概况

某食堂为框架结构，施工图详见本书附录，基础为钢筋混凝土带形（条形）基础，垫层为素混凝土；框架结构的非承重砌体墙（包括基础砖墙）采用标准砖，M7.5 水泥砂浆砌筑；门窗洞口均设置过梁，过梁宽度同墙厚，高度为 200mm，长度为洞口两侧各加 150mm；所有轴线与中心线的偏心距离均为 120mm；女儿墙厚为 240mm，其构造柱截面尺寸为 240mm×240mm，共 14 根，混凝土压顶截面尺寸：宽为 300mm，高为 100mm。混凝土为预拌混凝土，混凝土强度等级见表 2–9。

表 2–9　混凝土强度等级

构件	垫层	基础	屋面板	框架梁	框架柱	其余构件
混凝土强度	C10	C35	C30	C30	C40	C25

（一）台阶（无台基）施工做法（详见通用图集华北标 12BJ1-1 工程做法第 A17 页台 4A）

（1）30 厚开凹槽芝麻白花岗石板铺面，用 10 厚 DTA 砂浆铺实拍平（正、背面及四周边满涂防污剂），DTG 擦缝。

（2）25 厚干拌砂浆 DS。

（3）60 厚 C15 混凝土。

（4）500 厚 3∶7 灰土垫层。

（5）素土夯实。

（二）混凝土散水施工做法（详见通用图集华北标 12BJ1-1 工程做法第 A21 页散 1）

（1）60 厚 C15 混凝土面层，撒 1∶1 水泥砂子压实赶光。

（2）150 厚 3∶7 灰土垫层。

（3）素土夯实，向外坡 4%。

试编制该食堂的基础及垫层、框架柱、框架梁、过梁、板、压顶、台阶、散水等混凝土的工程量清单与计价。

二、清单计价编制说明

（一）编制依据

（1）定额采用北京市 2012 年的《房屋建筑与装饰工程预算定额》。

（2）人工、材料、机械单价采用 2020 年 12 月的《北京工程造价信息》（以下简称信息价），没有信息价的采用市场价格（以下简称市场价），人工、材料、机械单价详见表 2-10。

表 2-10　人工、材料、机械单价

序号	名称及规格	单位	不含增值税的市场价（元）
一	人工类别		
1	综合工日（870001）	工日	122
2	综合工日（870002）	工日	122
3	综合工日（870003）	工日	124
二	材料类别		
1	生石灰	kg	0.126
2	嵌缝膏	kg	5.13
3	建筑胶油	kg	3.2
4	建筑油膏	kg	2.6
5	塑料薄膜	m^2	0.35

续表

序号	名称及规格	单位	不含增值税的市场价（元）
6	同混凝土等级砂浆（综合）	m^3	466
7	其他材料费	元	1
8	C10 预拌混凝土	m^3	427.2
9	C15 预拌混凝土	m^3	436.9
10	C25 预拌混凝土	m^3	466
11	C30 预拌混凝土	m^3	485.4
12	C35 预拌混凝土	m^3	504.9
13	C40 预拌混凝土	m^3	524.3
14	DS 砂浆	m^3	466
三	机械类别		
1	蛙式打夯机	台班	7.55
2	灰浆搅拌机　200L	台班	100.9
3	电动夯实机　20 ～ 62kg/m	台班	13.76

（二）措施项目费

本项目暂不计算措施项目费，在项目 7 的“项目实训”中单独计算。

（三）其他项目费

无其他项目费。

（四）相关费率和税率

（1）企业管理费费率采用北京市现行标准，执行“单层建筑、其他”类的费率，为 8.4%。

（2）利润费率采用北京市的利润费率标准，为 7%。

（3）社会保险费率和住房公积金费率执行北京市现行的费率标准。社会保险费包括基本医疗保险基金、基本养老保险费、失业保险基金、工伤保险基金、残疾人就业保险金、生育保险六项，费率为 13.79%。住房公积金费率为 5.97%。

（4）税金执行现行的增值税税率标准，为 9%。

实训分析

1. 读图、识图

混凝土工程量计算的主要依据是结构施工图，要完成本实训，就要读懂结构施工图、建筑平面图等，还要知道本工程涉及混凝土工程的分项工程有基础及垫层、框架柱、框架梁、过梁、板、构造柱、压顶、台阶、散水。

2. 清单工程量计算分析

（1）混凝土垫层和基础。由本实训的基础平面图及断面图可知，所有轴线与中心线均不重合且偏差 60mm，因此在计算外墙垫层和基础中心线长度时，需要考虑轴线与中心线的偏差情况。计算外墙垫层和基础中心线长度时，可以采用移动轴线拼成矩形的方法。

（2）混凝土框架柱。由本实训的框架柱表可知柱高为：

$4.1-(-1.7)=5.8$（m）

（3）混凝土框架梁。

1）由本实训的屋面框架梁平面图可知，板为有梁板，因此框架梁的工程量应并入有梁板的清单项目。

2）计算框架梁长度时，均应扣除框架柱所占的长度。

（4）混凝土板。由本实训的屋面框架梁平面图可知板为有梁板。

（5）混凝土过梁。

过梁长度 = 洞口长 + 2×0.15（m）

（6）混凝土压顶。

由本实训的屋面平面图及外墙大样图可知，所有轴线与混凝土压顶中心线均不重合，偏差为 $240-(300\div2)=90$（mm）。因此，在计算混凝土压顶中心线长度时，需要考虑轴线与中心线的偏差情况。

计算混凝土压顶中心线长度时，可以采用移动轴线拼成矩形的方法。

（7）台阶。台阶水平投影面积不包括台阶牵边。

（8）混凝土散水。

1）计算散水中心线长度时应减去台阶所占的长度。

2）素土夯实因无独立的清单项目，可以列入散水清单项目内。

3. 清单计价分析

（1）当工程项目与定额中的混凝土强度等级不同时，采取抽换的方式对定额中的混凝土强度等级进行调整。以北京市 2012 年的《房屋建筑与装饰工程预算定额》为例，本实训的垫层、基础、框架柱、过梁、压顶、台阶、散水等混凝土强度等级均与定额不同，所以需要对混凝土强度等级进行抽换。

（2）有梁板。包括框架梁与屋面板。

（3）台阶。垫层及地基夯实内容详见项目 4 中的楼地面装饰工程量清单与计价。

（4）散水。散水清单项目的工作内容包括散水施工的所有内容。

（5）人工、材料、机械单价、分部分项工程费、社会保险费和住房公积金、税金等相关内容与项目 1 中的“实训分析”相同，此处不再赘述。

实训内容

一、编制工程量清单

步骤 1 计算混凝土基础和垫层清单工程量。

1. 计算基础和垫层长度

（1）计算外墙基础和垫层中心线长度。

由本实训的基础平面图及断面图可知，所有轴线均与中心线偏差 0.06m，因此需要考虑轴线与中心线的偏差情况：

$$(16.8+0.06\times2)\times2+(7.6+0.06\times2)\times2+1.8\times2=52.88\text{（m）}$$

（2）计算内墙基础和垫层净长度。

由本实训的基础平面图及断面图可知，内墙基础（或垫层）净长线就是内墙基础轴线间距减去外墙基础（或垫层）靠近内墙一侧的基础（或垫层）宽度，因此：

1）计算内墙基础垫层净长度。

C 轴：$4.2-(0.79+0.91)=2.5$（m）

4 轴：$3.8-0.79\times2=2.22$（m）

小计：$2.5+2.22=4.72$（m）

2）计算内墙基础净长度。

C 轴：$4.2-(0.69+0.81)=2.7$（m）

4 轴：$3.8-0.69\times2=2.42$（m）

小计：$2.7+2.42=5.12$（m）

2. 计算基础和垫层体积

（1）计算外墙基础和垫层体积。

由本实训的基础断面图可知：

1）外墙基础垫层断面面积：

$$(1.5+0.1\times2)\times0.1=0.17\text{（m}^2\text{）}$$

则外墙基础垫层体积：

$$52.88\times0.17=8.99\text{（m}^3\text{）}$$

2）外墙基础断面面积：

$$1.5\times0.5=0.75\text{（m}^2\text{）}$$

则外墙基础体积：

$$52.88\times0.75=39.66\text{（m}^3\text{）}$$

（2）计算内墙基础和垫层体积。

由本实训的基础断面图可知：

1）内墙基础垫层断面面积：

$(1.3+0.1\times2)\times0.1=0.15\ (\text{m}^2)$

则内墙基础垫层体积：

$4.72\times0.15=0.71\ (\text{m}^3)$

2）内墙基础断面面积：

$1.3\times0.5=0.65\ (\text{m}^2)$

则内墙基础体积：

$5.12\times0.65=3.33\ (\text{m}^3)$

因此，本实训的基础和垫层的清单工程量为：

基础垫层的清单工程量 $=8.99+0.71=9.70\ (\text{m}^3)$

基础的清单工程量 $=39.66+3.33=42.99\ (\text{m}^3)$

步骤 2 计算混凝土框架柱清单工程量。

1. 计算框架柱高

由本实训的断面图及框架柱表可知，基础底面相对标高为 −2.2m，因此基础顶面相对标高为：$-2.2+0.5=-1.7\ (\text{m})$，框架柱顶面相对标高为 4.1m，则柱高为：

$4.1-(-1.7)=5.8\ (\text{m})$

2. 计算框架柱截面面积

由本实训的断面图及框架柱表可知，KZ1、KZ2 的截面均为 360mm × 360mm，因此框架柱截面面积为：

$0.36\times0.36=0.1296\ (\text{m}^2)$

3. 计算框架柱体积

由本实训的建筑平面图（或者基础平面图）可知，KZ1、KZ2 共有 14 根，因此框架柱体积为：

$14\times0.1296\times5.8=10.52\ (\text{m}^3)$

步骤 3 计算混凝土框架梁清单工程量。

根据本实训的屋面框架梁平面图计算下列项目。

1. 框架梁长

（1）WKL1 长。

1 轴 WKL1 长：$7.6-0.12\times2-0.36=7\ (\text{m})$

2 轴 WKL1 长：$7.6-0.12\times2-0.36=7\ (\text{m})$

5 轴 WKL1 长：$3.8+1.8-0.12\times2=5.36$（m）

小计：$7\times2+5.36=19.36$（m）

（2）WKL2 长。

3 轴 WKL2 长：$3.8+1.8-0.12\times2-0.36=5$（m）

4 轴 WKL2 长：$3.8+1.8-0.12\times2-0.36=5$（m）

小计：$5\times2=10$（m）

（3）WKL3 长。

A 轴 WKL3 长：$16.8-0.36\times3-0.12\times2=15.48$（m）

B 轴、C 轴、D 轴的 WKL3 长：$16.8-0.36\times3-0.12\times2=15.48$（m）

小计：$15.48\times2=30.96$（m）

（4）WKL4 长。

C 轴 WKL4 长：$4.2-0.12-0.24=3.84$（m）

2. 框架梁截面面积

（1）WKL1 截面面积：$0.36\times0.5=0.18$（m^2）。

（2）WKL2 截面面积：$0.36\times0.4=0.144$（m^2）。

（3）WKL3 截面面积：$0.36\times0.45=0.162$（m^2）。

（4）WKL4 截面面积：$0.24\times0.4=0.096$（m^2）。

3. 框架梁体积

（1）WKL1 体积：$19.36\times0.18=3.48$（m^3）。

（2）WKL2 体积：$10\times0.144=1.44$（m^3）。

（3）WKL3 体积：$30.96\times0.162=5.02$（m^3）。

（4）WKL4 体积：$3.84\times0.096=0.37$（m^3）。

框架梁体积小计：$3.48+1.44+5.02+0.37=10.31$（$m^3$）

步骤 4 计算混凝土过梁清单工程量。

本实训中门窗洞口均设置过梁，过梁宽度同墙厚，高度为 200mm，长度为洞口两侧各加 150mm。

1. 计算过梁长

由本实训的建筑平面图及门窗表可知，门窗洞口尺寸及数量见表 2-11。

表 2-11 门窗洞口尺寸及数量

代号	洞口尺寸（mm）	单位	数量
M1	1 960 × 2 000	樘	2

续表

代号	洞口尺寸（mm）	单位	数量
M2	1 500 × 2 000	樘	1
M3	1 200 × 2 000	樘	1
C1	1 960 × 2 000	樘	5
C2	800 × 800	樘	1

计算过梁长：

（1）M1 过梁长：（1.96 + 0.15 × 2）× 2 = 4.52（m）。

（2）M2 过梁长：1.5 + 0.15 × 2 = 1.8（m）。

（3）M3 过梁长：1.2 + 0.15 × 2 = 1.5（m）。

（4）C1 过梁长：（1.96 + 0.15 × 2）× 5 = 11.3（m）。

（5）C2 过梁长：0.8 + 0.15 × 2 = 1.1（m）。

2. 计算过梁截面面积

过梁宽度同墙厚，高度为 200mm。

（1）M1 过梁截面面积：0.36 × 0.2 = 0.072（m^2）。

（2）M2 过梁截面面积：0.24 × 0.2 = 0.048（m^2）。

（3）M3 过梁截面面积：0.24 × 0.2 = 0.048（m^2）。

（4）C1 过梁截面面积：0.36 × 0.2 = 0.072（m^2）。

（5）C2 过梁截面面积：0.36 × 0.2 = 0.072（m^2）。

3. 计算过梁体积

（1）M1 过梁体积：4.52 × 0.072 = 0.325（m^3）。

（2）M2 过梁体积：1.8 × 0.048 = 0.086（m^3）。

（3）M3 过梁体积：1.5 × 0.048 = 0.072（m^3）。

（4）C1 过梁体积：11.3 × 0.072 = 0.814（m^3）。

（5）C2 过梁体积：1.1 × 0.072 = 0.079（m^3）。

过梁体积小计：0.325 + 0.086 + 0.072 + 0.814 + 0.079 = 1.38（m^3）

步骤 5 计算混凝土板清单工程量。

由本实训的屋面框架梁平面图可知板厚为 180mm。

1. 计算混凝土板的面积

（1）（A 轴 − C 轴）×（1 轴 − 2 轴）的板面积：

（4.2 − 0.12 − 0.24）×（3.8 + 1.8 − 0.12 − 0.06）= 20.81（m^2）

（2）（C 轴 − D 轴）×（1 轴 − 2 轴）的板面积：

$(4.2-0.12-0.24)\times(2-0.12-0.18)=6.53\ (m^2)$

(3)(A 轴 − C 轴)×(2 轴 − 3 轴)的板面积：

$(4.2-0.12\times2)\times(3.8+1.8-0.12\times2)=21.23\ (m^2)$

(4)(A 轴 − B 轴)×(3 轴 − 4 轴)的板面积：

$(4.2-0.24\times2)\times(3.8-0.12\times2)=13.24\ (m^2)$

(5)(A 轴 − C 轴)×(4 轴 − 5 轴)的板面积：

$(4.2-0.12\times2)\times(3.8+1.8-0.12\times2)=21.23\ (m^2)$

以上板面积小计：$20.81+6.53+21.23+13.24+21.23=83.04\ (m^2)$。

2. 计算混凝土板的体积

混凝土板的体积为：

$83.04\times0.18=14.95\ (m^3)$

步骤 6 计算混凝土构造柱清单工程量。

根据本实训的屋面平面图、外墙大样图及女儿墙构造柱大样图计算下列项目。

1. 构造柱高

构造柱高为：

$5-4.1-0.1=0.8\ (m)$

2. 构造柱体积

(1)构造柱身的体积：

$0.24\times0.24\times0.8=0.05\ (m^3)$

(2)嵌接墙体部分（马牙槎）的体积：

$0.2\times0.06\times0.24\times4=0.01\ (m^3)$

因此，所有构造柱的体积为：

$(0.05+0.01)\times14=0.84\ (m^3)$

步骤 7 计算混凝土压顶清单工程量。

根据本实训的屋面平面图及外墙大样图计算下列项目。

1. 混凝土压顶中心线长度

混凝土压顶中心线长度为：

$(16.8+0.09\times2)\times2+(7.6+0.09\times2)\times2+1.8\times2=53.12\ (m)$

2. 混凝土压顶体积

混凝土压顶体积为：

$0.3\times0.1\times53.12=1.59\ (m^3)$

步骤 8 计算混凝土台阶清单工程量。

由本实训的建筑平面图、南立面图及台阶（无台基）施工做法，可知混凝土台阶清单工程量为：

$$(6.72+0.3\times4)\times(0.3\times2+0.3)=7.13\ (\text{m}^2)$$

步骤 9 计算混凝土散水清单工程量。

根据本实训的建筑平面图、外墙大样图及散水施工做法计算下列项目。

1. 散水中心线长度

散水中心线长度为：

$$(16.8+0.24\times2+0.3\times2)\times2+(7.6+0.24\times2+0.3\times2)\times2+1.8\times2-(6.72+0.3\times4)=48.8\ (\text{m})$$

2. 混凝土散水清单工程量

混凝土散水清单工程量为：

$$48.8\times0.6=29.28\ (\text{m}^2)$$

步骤 10 编制工程量清单。

由本实训的屋面框架梁平面图可知，板为有梁板，因此框架梁的工程量应并入有梁板的清单项目，因此，有梁板的清单工程量为框架梁与板的工程量之和：$10.31+14.95=25.26\ (\text{m}^3)$。

工程量清单详见表 2-12。

表 2-12　工程量清单

序号	项目编码	项目名称	项目特征	计量单位	工程量
1	010501001001	垫层	1. 混凝土种类：预拌混凝土 2. 强度等级：C10	m^3	9.7
2	010501002001	带形基础	1. 混凝土种类：预拌混凝土 2. 强度等级：C35	m^3	42.99
3	010502001001	框架柱	1. 混凝土种类：预拌混凝土 2. 强度等级：C40	m^3	10.52
4	010502002001	构造柱	1. 混凝土种类：预拌混凝土 2. 强度等级：C25	m^3	0.84
5	010503005001	过梁	1. 混凝土种类：预拌混凝土 2. 强度等级：C25	m^3	1.38
6	010505001001	屋面板	1. 混凝土种类：预拌混凝土 2. 强度等级：C30 3. 板厚：180mm	m^3	25.26
7	010507005001	女儿墙压顶	1. 断面尺寸：240mm × 200mm 2. 混凝土种类：预拌混凝土 3. 混凝土强度等级：C25	m^3	1.59

续表

序号	项目编码	项目名称	项目特征	计量单位	工程量
8	010507001001	散水	1. 垫层材料种类、厚度： 150 厚 3∶7 灰土垫层 2. 面层厚度：60mm 3. 混凝土种类：预拌混凝土 4. 混凝土强度等级：C15 5. 变形缝填塞材料种类：建筑油膏 6. 素土夯实	m^2	29.28
9	010507004001	台阶	1. 踏步高、宽： 高 130mm，宽 300mm 2. 混凝土种类：预拌混凝土 3. 混凝土强度等级：C15	m^2	7.13

二、编制工程量清单计价

步骤 1 选择定额子目并调整单价。

1. 选择定额子目

以北京市 2012 年的《房屋建筑与装饰工程预算定额》为例，选择带形基础（010501002001）、框架柱（010502001001）、屋面板（010505001001）三个清单项目的定额子目如下：

带形基础（010501002001）包含的定额子目：现浇混凝土 带型基础（5-1）。

框架柱（010502001001）包含的定额子目：现浇混凝土 矩形柱（5-7）。

屋面板（010505001001）包含的定额子目：现浇混凝土 矩形梁（5-13）、现浇混凝土 有梁板（5-22）。

2. 调整定额子目单价

根据人工、材料、机械的信息价或市场价将定额子目单价调整为当前的价格，消耗量采用国家或省级、行业建设主管部门发布的定额子目的消耗量。以上所选的定额子目单价调整结果见表 2-13。

表 2-13　定额子目单价

序号	定额编号	名称	单位	定额消耗量	不含税单价（元）	合价（元）
一	5-1 换	现浇混凝土　带型基础　换为【C35 预拌混凝土】	m^3			
(一)		人工				
1		综合工日（870001）	工日	0.39	122	47.58

续表

序号	定额编号	名称	单位	定额消耗量	不含税单价（元）	合价（元）
（二）		材料				
1		C35 预拌混凝土	m^3	1.015	504.9	512.47
2		其他材料费	元			6.72
（三）		机械				
1		其他机具费	元			1.25
		小计				568.02
二	5-7 换	现浇混凝土　矩形柱　换为【C40 预拌混凝土】	m^3			
（一）		人工				
1		综合工日（870001）	工日	0.686	122	83.69
（二）		材料				
1		C40 预拌混凝土	m^3	0.986	524.3	516.96
2		同混凝土等级砂浆（综合）	m^3	0.031	466	14.45
3		其他材料费	元			6.37
（三）		机械				
1		200L 灰浆搅拌机	台班	0.005 2	100.9	0.52
2		其他机具费	元			2.17
		小计				624.16
三	5-13	现浇混凝土　矩形梁	m^3			
（一）		人工				
1		综合工日（870001）	工日	0.504	122	61.49
（二）		材料				
1		C30 预拌混凝土	m^3	1.015	485.4	492.68
2		其他材料费	元			6.58
（三）		机械				
1		其他机具费	元			1.64
		小计				562.39
四	5-22	现浇混凝土　有梁板	m^3			
（一）		人工				
1		综合工日（870001）	工日	0.384	122	46.85
（二）		材料				
1		C30 预拌混凝土	m^3	1.015	485.4	492.68
2		其他材料费	元			6.69

续表

序号	定额编号	名称	单位	定额消耗量	不含税单价（元）	合价（元）
(三)		机械				
1		其他机具费	元			1.33
小计						547.55

步骤 2 计算直接工程费。

定额工程量的计算（计算过程略）以北京市 2012 年的《房屋建筑与装饰工程预算定额》中工程量计算规则为准，直接工程费的计算结果见表 2-14。

表 2-14 直接工程费

序号	清单编码 / 定额编号	名称	工程量		价值（元）		其中：人工费（元）	
			单位	数量	单价	合价	单价	合价
一	010501001001	垫层	m^3	9.7				
1	5-150 换	混凝土垫层　换为【C10 预拌混凝土】	m^3	9.7	473.65	4 594.41	32.94	319.52
二	010501002001	带形基础	m^3	42.99				
1	5-1 换	现浇混凝土　带型基础　换为【C35 预拌混凝土】	m^3	42.99	568.02	24 419.18	47.58	2 045.46
三	010502001001	框架柱	m^3	10.52				
1	5-7 换	现浇混凝土　矩形柱　换为【C40 预拌混凝土】	m^3	10.52	624.16	6 566.16	83.69	880.42
四	010502002001	构造柱	m^3	0.84				
1	5-8 换	现浇混凝土　构造柱　换为【C25 预拌混凝土】	m^3	0.84	634.77	533.21	150.2	126.15
五	010503005001	过梁	m^3	1.38				
1	5-16 换	现浇混凝土　过梁　换为【C25 预拌混凝土】	m^3	1.38	650.82	898.13	166.4	229.65
六	010505001001	屋面板	m^3	25.26				
1	5-13	现浇混凝土　矩形梁	m^3	10.31	562.39	5 798.24	61.49	633.96
2	5-22	现浇混凝土　有梁板	m^3	14.95	547.55	8 185.87	46.85	700.41
七	010507005001	女儿墙压顶	m^3	1.59				
1	5-47 换	现浇混凝土　扶手、压顶　换为【C25 预拌混凝土】	m^3	1.59	703.06	1 117.87	218.5	347.42
八	010507001001	散水	m^2	29.28				

续表

序号	清单编码 / 定额编号	名称	工程量		价值（元）		其中：人工费（元）	
			单位	数量	单价	合价	单价	合价
1	1-4	原土打夯	m^2	29.28	1.8	52.7	1.71	50.07
2	4-72	垫层　3：7 灰土	m^3	4.39	95.17	417.8	46.31	203.3
3	11-111 换	散水　混凝土　厚度 60mm　换为【C15 预拌混凝土】	m^2	29.28	51.09	1 495.92	20.46	599.07
4	9-274	嵌缝　建筑油膏	m	51.2	14.07	720.38	7.44	380.93
九	010507004001	台阶	m^2	7.13				
1	5-46 换	现浇混凝土　台阶　换为【C15 预拌混凝土】	m^3	1.39	578.93	804.71	126	175.18
		合计				55 604.58		6 691.54

步骤 3　计算综合单价。

每个清单项目的直接工程费均为其项下所有定额子目合价之和，如：带形基础（010501002001）的直接工程费为“现浇混凝土 带型基础（5-1）”一个定额子目的合价；屋面板（010505001001）的直接工程费为“现浇混凝土 矩形梁（5-13）”“现浇混凝土 有梁板（5-22）”两个定额子目的合价之和。

综合单价的计算结果见表 2-15。

表 2-15　综合单价

序号	清单编码	费用项目	计算基础	计算基数	计算费率	金额（元）
一	010501001001	垫层				
1		直接工程费				4 594.41
2		企业管理费	直接工程费	4 594.41	8.40%	385.93
3		利润	直接工程费 + 企业管理费	4 980.34	7.00%	348.62
4		风险费（适用于投标报价）				0
5		分部分项工程费	直接工程费 + 企业管理费 + 利润 + 风险费			5 328.96
6		综合单价 = 项目 5 ÷ 清单工程量	分部分项工程费			549.38
二	010501002001	带形基础				
1		直接工程费				24 419.18

续表

序号	清单编码	费用项目	计算基础	计算基数	计算费率	金额（元）
2		企业管理费	直接工程费	24 419.18	8.40%	2 051.21
3		利润	直接工程费 + 企业管理费	26 470.39	7.00%	1 852.93
4		风险费（适用于投标报价）				0
5		分部分项工程费	直接工程费 + 企业管理费 + 利润 + 风险费			28 323.32
6		综合单价 = 项目 5 ÷ 清单工程量	分部分项工程费			658.84
三	010502001001	框架柱				
1		直接工程费				6 566.16
2		企业管理费	直接工程费	6 566.16	8.40%	551.56
3		利润	直接工程费 + 企业管理费	7 117.72	7.00%	498.24
4		风险费（适用于投标报价）				0
5		分部分项工程费	直接工程费 + 企业管理费 + 利润 + 风险费			7 615.96
6		综合单价 = 项目 5 ÷ 清单工程量	分部分项工程费			723.95
四	010502002001	构造柱				
1		直接工程费				533.21
2		企业管理费	直接工程费	533.21	8.40%	44.79
3		利润	直接工程费 + 企业管理费	578	7.00%	40.46
4		风险费（适用于投标报价）				0
5		分部分项工程费	直接工程费 + 企业管理费 + 利润 + 风险费			618.46
6		综合单价 = 项目 5 ÷ 清单工程量	分部分项工程费			736.26
五	010503005001	过梁				
1		直接工程费				898.13
2		企业管理费	直接工程费	898.13	8.40%	75.44

续表

序号	清单编码	费用项目	计算基础	计算基数	计算费率	金额（元）
3		利润	直接工程费＋企业管理费	973.57	7.00%	68.15
4		风险费（适用于投标报价）				0
5		分部分项工程费	直接工程费＋企业管理费＋利润＋风险费			1 041.72
6		综合单价＝项目 5÷清单工程量	分部分项工程费			754.87
六	010505001001	屋面板				
1		直接工程费				13 984.11
2		企业管理费	直接工程费	13 984.11	8.40%	1 174.67
3		利润	直接工程费＋企业管理费	15 158.78	7.00%	1 061.11
4		风险费（适用于投标报价）				0
5		分部分项工程费	直接工程费＋企业管理费＋利润＋风险费			16 219.89
6		综合单价＝项目 5÷清单工程量	分部分项工程费			642.12
七	010507005001	女儿墙压顶				
1		直接工程费				1 117.87
2		企业管理费	直接工程费	1 117.87	8.40%	93.9
3		利润	直接工程费＋企业管理费	1 211.77	7.00%	84.82
4		风险费（适用于投标报价）				0
5		分部分项工程费	直接工程费＋企业管理费＋利润＋风险费			1 296.59
6		综合单价＝项目 5÷清单工程量	分部分项工程费			815.47
八	010507001001	散水				
1		直接工程费				2 686.8
2		企业管理费	直接工程费	2 686.8	8.40%	225.69
3		利润	直接工程费＋企业管理费	2 912.49	7.00%	203.87

续表

序号	清单编码	费用项目	计算基础	计算基数	计算费率	金额（元）
4		风险费（适用于投标报价）				0
5		分部分项工程费	直接工程费 + 企业管理费 + 利润 + 风险费			3 116.36
6		综合单价 = 项目 5 ÷ 清单工程量	分部分项工程费			106.43
九	010507004001	台阶				
1		直接工程费				804.71
2		企业管理费	直接工程费	804.71	8.40%	67.6
3		利润	直接工程费 + 企业管理费	872.31	7.00%	61.06
4		风险费（适用于投标报价）				0
5		分部分项工程费	直接工程费 + 企业管理费 + 利润 + 风险费			933.37
6		综合单价 = 项目 5 ÷ 清单工程量	分部分项工程费			130.91
合计						64 494.63

步骤 4 计算分部分项工程费。

分部分项工程的合价 = 清单工程量 × 综合单价，计算结果见表 2-16。

表 2-16 分部分项工程费

序号	项目编码	项目名称	项目特征描述	计量单位	工程量	金额（元）		
						综合单价	合价	其中 暂估价
1	010501001001	垫层	1. 混凝土种类：预拌混凝土 2. 强度等级：C10	m^3	9.7	549.38	5 328.99	0
2	010501002001	带形基础	1. 混凝土种类：预拌混凝土 2. 强度等级：C35	m^3	42.99	658.84	28 323.53	0
3	010502001001	框架柱	1. 混凝土种类：预拌混凝土 2. 强度等级：C40	m^3	10.52	723.95	7 615.95	0
4	010502002001	构造柱	1. 混凝土种类：预拌混凝土 2. 强度等级：C25	m^3	0.84	736.26	618.46	0

续表

序号	项目编码	项目名称	项目特征描述	计量单位	工程量	金额（元）		
						综合单价	合价	其中 暂估价
5	010503005001	过梁	1. 混凝土种类：预拌混凝土 2. 强度等级：C25	m^3	1.38	754.87	1 041.72	0
6	010505001001	屋面板	1. 混凝土种类：预拌混凝土 2. 强度等级：C30 3. 板厚：180mm	m^3	25.26	642.12	16 219.95	0
7	010507005001	女儿墙压顶	1. 断面尺寸：240mm × 200mm 2. 混凝土种类：预拌混凝土 3. 混凝土强度等级：C25	m^3	1.59	815.47	1 296.6	0
8	010507001001	散水	1. 垫层材料种类、厚度： 150 厚 3：7 灰土垫层 2. 面层厚度：60mm 3. 混凝土种类：预拌混凝土 4. 混凝土强度等级：C15 5. 变形缝填塞材料种类：建筑油膏 6. 素土夯实	m^2	29.28	106.43	3 116.27	0
9	010507004001	台阶	1. 踏步高、宽： 高 130mm，宽 300mm 2. 混凝土种类：预拌混凝土 3. 混凝土强度等级：C15	m^2	7.13	130.91	933.39	0
分部分项工程费小计							64 494.86	0

步骤 5 计算规费、税金。

规费、税金的计算结果见表 2-17。

表 2-17 规费、税金

序号	项目名称	计算基础	计算基数	计算费率	金额（元）
1	规费				1 322.24
1.1	社会保险费	（分部分项工程费 + 措施项目费 + 其他项目费）中的人工费	6 691.54	13.79%	922.76
1.2	住房公积金	（分部分项工程费 + 措施项目费 + 其他项目费）中的人工费	6 691.54	5.97%	399.48
2	税金	分部分项工程费 + 措施项目费 + 其他项目费 + 规费	65 817.1	9.00%	5 923.54
合计					7 245.78

步骤 6 计算总价。

总价的计算结果见表 2-18。

表 2-18 总价

序号	汇总内容	金额（元）	其中：暂估价（元）
1	分部分项工程	64 494.86	0
1.1	混凝土及钢筋混凝土工程	64 494.86	0
2	措施项目	0	0
2.1	其中：安全文明施工费	0	0
3	其他项目	0	0
3.1	其中：暂列金额	0	0
3.2	其中：专业工程暂估价	0	0
3.3	其中：计日工	0	0
3.4	其中：总承包服务费	0	0
4	规费	1 322.24	0
5	税金	5 923.54	0
	合计 =1+2+3+4+5	71 740.64	0

技能检测

一、单选题

1. 根据《房屋建筑与装饰工程工程量计量规范》（GB 50854-2013）的规定，关于现浇混凝土柱高的计算，下列说法正确的是（　　）。（2016 年注册造价工程师考试题）

A. 有梁板的柱高以楼板上表面至上一层楼板下表面之间的高度计算

B. 无梁板的柱高以楼板上表面至上一层楼板上表面之间的高度计算

C. 框架柱的柱高以柱基上表面至柱顶高度减去各层板厚的高度计算

D. 构造柱按全高计算

2. 根据《房屋建筑与装饰工程工程量计算规范》（GE 50854-2013）的规定，混凝土框架柱工程量应（　　）。（2017 年注册造价工程师考试题）

A. 按设计图示尺寸扣除板厚所占部分以体积计算

B. 区别不同截面以长度计算

C. 按设计图示尺寸不扣除梁所占部分以体积计算

D. 按柱基上表面至梁底面部分以体积计算

3. 根据《房屋建筑与装饰工程工程量计算规范》（GB 50854-2013）的规定，现浇混凝

土墙工程量应（　　）。（2017 年注册造价工程师考试题）

A. 扣除突出墙面部分体积　　B. 不扣除面积为 0.3m² 的孔洞体积

C. 将伸入墙内的梁头计入　　D. 扣除预埋铁件体积

4. 根据《房屋建筑与装饰工程工程量计算规范》（GB 50854-2013）的规定，下列关于现浇混凝土过梁工程量的计算，正确的是（　　）。（2020 年注册造价工程师考试题）

A. 伸入墙内的梁头计入梁体积　　B. 墙内部分的梁垫按其他构件项目列项

C. 梁内钢筋所占体积予以扣除　　D. 按设计图示中心线计算

5. 根据《房屋建筑与装饰工程工程量计算规范》（GB 50854-2013）的规定，下列关于现浇混凝土雨篷工程量的计算，正确的是（　　）。（2020 年注册造价工程师考试题）

A. 并入墙体工程量，不单独列项　　B. 按水平投影面积计算

C. 按设计图示尺寸以墙外部分体积计算　　D. 扣除伸出墙外的牛腿体积

二、多选题

1. 根据《房屋建筑与装饰工程工程量计算规范》（GB 50854-2013）的规定，下列关于现浇混凝土构件工程量的计算，正确的有（　　）。（2017 年注册造价工程师考试题）

A.构造柱按柱断面尺寸乘以全高以体积计算，嵌入墙体部分不计

B. 框架柱工程量按柱基上表面至柱顶以高度计算

C. 梁按设计图示尺寸以体积计算，主梁与次梁交接处按主梁体积计算

D. 混凝土弧形墙按垂直投影面积乘以墙厚以体积计算

E. 挑檐板按设计图示尺寸以体积计算

2. 根据《房屋建筑与装饰工程工程量计算规范》（GB 50854-2013）的规定，下列关于现浇混凝土板清单工程量的计算，正确的有（　　）。（2019 年注册造价工程师考试题）

A. 压形钢板混凝土楼板扣除钢板所占体积

B. 空心板不扣除空心部分体积

C. 雨篷反挑檐的体积并入雨篷内一并计算

D. 悬挑板不包括伸出墙外的牛腿体积

E. 挑檐板按设计图示尺寸以体积计算

项目3　砌筑工程和门窗工程工程量清单与计价

项目导读

砌筑工程工程量清单包括砖砌体、砌块砌体、石砌体、垫层。门窗工程工程量清单包括木门窗、金属门窗等。

通过学习《房屋建筑与装饰工程工程量计算规范》(GB 50854-2013）中砌筑工程和门窗工程的相关内容，熟悉砌筑工程和门窗工程工程量清单的相关编制内容，掌握砌筑工程和门窗工程工程量清单的计算规则，了解定额工程量与清单工程量计算规则的区别，能够编制砌筑工程和门窗工程的工程量清单。

依据《建设工程工程量清单计价规范》(GB 50500-2013)，通过学习砌筑工程和门窗工程工程量清单计价的编制，掌握工程量清单计价的编制流程、方法等。

项目重点

1. 定额工程量与清单工程量计算规则的区别。
2. 砌筑工程工程量的计算规则。
3. 砌筑工程和门窗工程工程量清单计价的编制。

思政目标

学生在学习的过程中要注重对比和分析，加强对自身科学素养的培养，学会用科学的世界观和方法论来分析问题。

任务 3.1 垫层

任务目标

- 熟悉垫层清单项目的内容。
- 掌握垫层清单工程量的计算规则。
- 能够编制垫层的工程量清单。
- 遵守工程量清单编制的相关法律法规、规范的要求。

3.1.1 垫层的清单项目

垫层的清单项目见表 3-1。

表 3-1 垫层的清单项目

项目编码	项目名称	项目特征	计量单位	工程量计算规则	工作内容
010404001	垫层	垫层材料种类、配合比、厚度	m^3	按设计图示尺寸以体积计算	1. 垫层材料的拌制 2. 垫层铺设 3. 材料运输

3.1.2 计算规则

垫层按设计图示尺寸以体积计算。

3.1.3 清单编制说明

（1）混凝土垫层应按《房屋建筑与装饰工程工程量计算规范》（GB 50854-2013）附录 E 混凝土垫层项目编码列项。

（2）其他垫层的清单项目应按本项目编码列项。

任务 3.2 砖基础

任务目标

- 熟悉砖基础清单项目的内容。
- 掌握砖基础清单工程量的计算规则。
- 能够编制砖基础的工程量清单。
- 遵守工程量清单编制的相关法律法规、规范的要求。

3.2.1 本任务涉及的清单项目

本任务涉及的清单项目见表 3–2。

表 3–2 本任务涉及的清单项目

项目编码	项目名称	项目特征	计量单位	工程量计算规则	工作内容
010401001	砖基础	1. 砖品种、规格、强度等级 2. 基础类型 3. 砂浆强度等级 4. 防潮层材料种类	m^3	按设计图示尺寸以体积计算，包括附墙垛基础宽出部分体积 其他计算规则详见“3.2.3 计算规则”	1. 砂浆制作、运输 2. 砌砖 3. 防潮层铺设 4. 材料运输

3.2.2 大放脚砖基础

以如图 3–1 所示的四层大放脚砖基础为例来讲解。

大放脚的厚度：

一皮砖大放脚的厚度：53（砖厚）+ 10（平均缝宽）= 63（mm）

两皮砖大放脚的厚度：53（砖厚）×2 + 10（平均缝宽）×2 = 126（mm）

大放脚的宽度：

［240（砖长）+ 10（平均缝宽）］÷4 = 62.5（mm）

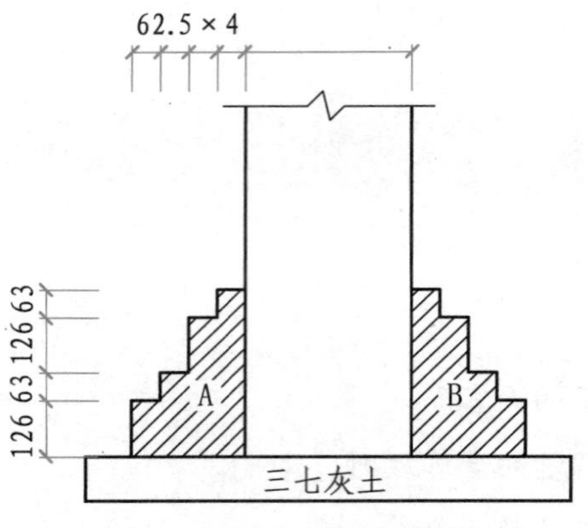

图 3-1　四层大放脚砖基础

1. 等高大放脚砖基础

等高大放脚砖基础如图 3-2 和图 3-3 所示。

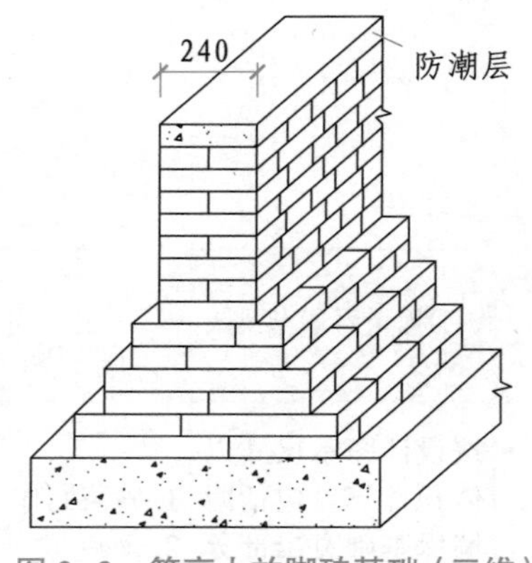

图 3-2　等高大放脚砖基础（三维）

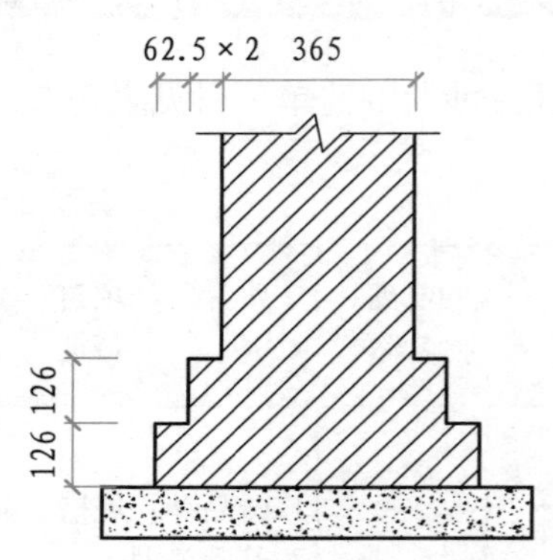

图 3-3　等高大放脚砖基础（断面）

2. 不等高大放脚砖基础

不等高大放脚砖基础如图 3-4 和图 3-5 所示。

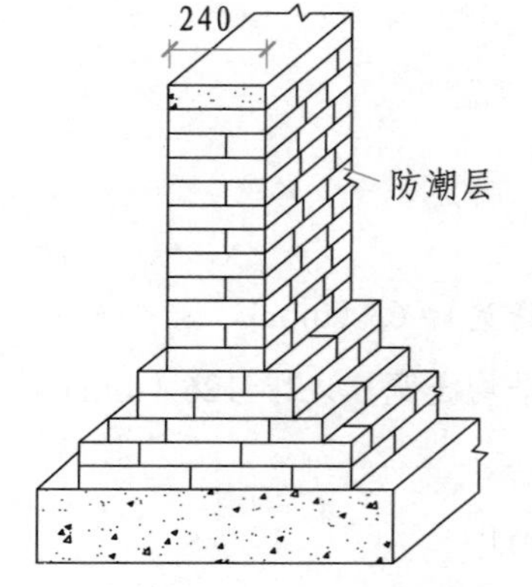

图 3-4　不等高大放脚砖基础（三维）

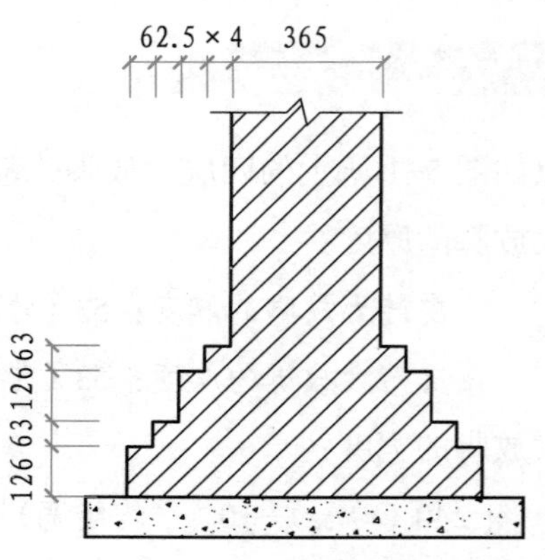

图 3-5　不等高大放脚砖基础（断面）

3. 砖基础大放脚的断面面积计算

以如图 3-6 所示的不等高大放脚砖基础为例来讲解。

将不等高大放脚砖基础两侧的大放脚 A 和 B 组成如图 3-7 所示的矩形。

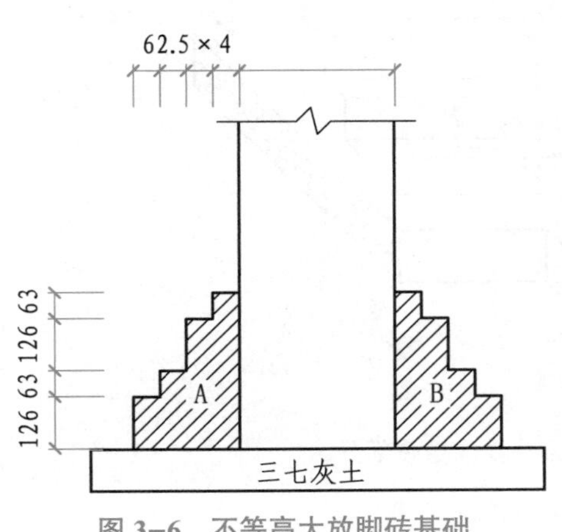

图 3-6　不等高大放脚砖基础

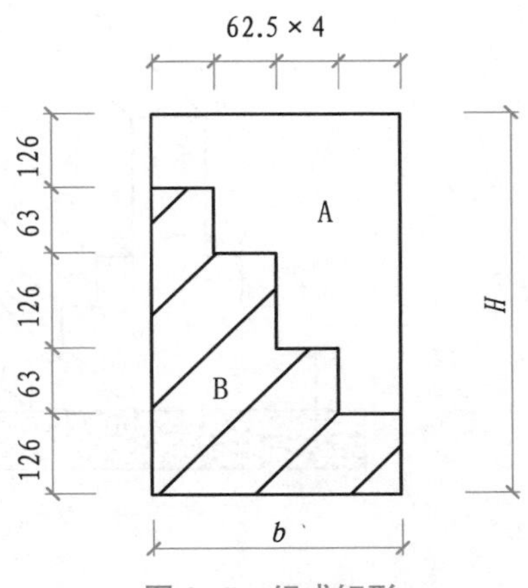

图 3-7　组成矩形

由图 3-7 可知，该大放脚的断面面积为：

$$(0.126\times3+0.063\times2)\times(0.0625\times4)=0.126\ (\mathrm{m}^2)$$

则：

折加为 1 砖厚墙高：$0.126\div0.24=0.525$（m）

折加为 $1\frac{1}{2}$ 砖厚墙高：$0.126\div0.365=0.345$（m）

折加为 2 砖厚墙高：$0.126\div0.49=0.257$（m）

3.2.3　计算规则

砖基础按设计图示尺寸以体积计算，包括附墙垛基础宽出部分体积。

（1）扣除：地梁（圈梁）、构造柱所占体积。

（2）不扣除：基础大放脚 T 形接头处的重叠部分（如图 3-8 所示）及嵌入基础内的钢筋、铁件、管道、基础砂浆防潮层和单个面积≤ $0.3\mathrm{m}^2$ 的孔洞所占体积。

（3）不增加：靠墙暖气沟的挑檐。

（4）基础长度的确定：外墙按外墙中心线计算，内墙按内墙净长线计算。

3.2.4　清单编制说明

1. 标准砖尺寸

标准砖尺寸应为 240mm × 115mm × 53mm。标准砖墙厚度应按表 3-3 计算。

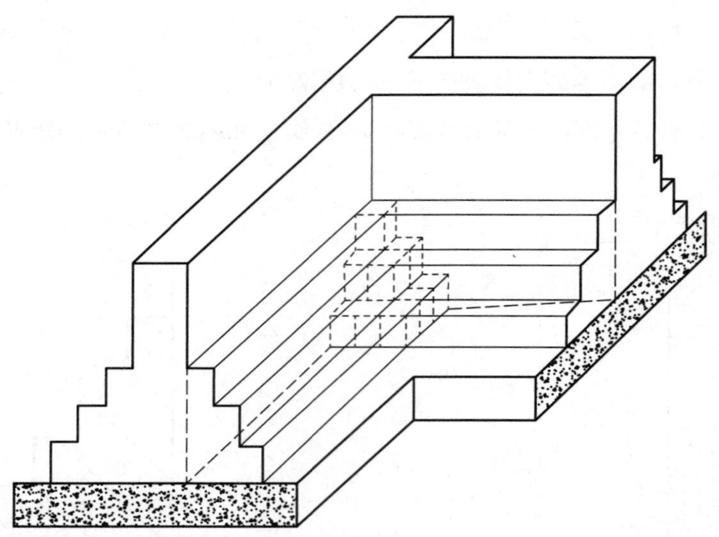

图 3-8 基础大放脚 T 形接头处的重叠部分

表 3-3 标准砖墙厚度

砖数（厚度）	$\frac{1}{4}$	$\frac{1}{2}$	$\frac{3}{4}$	1	$1\frac{1}{2}$	2	$2\frac{1}{2}$	3
计算厚度（mm）	53	115	180	240	365	490	615	740

2.“砖基础”项目适用范围

“砖基础”项目适用于各种类型砖基础，如柱基础、墙基础、管道基础等。

3. 基础与墙（柱）身的划分标准

（1）基础与墙（柱）身使用同一种材料，如图 3-9 所示。

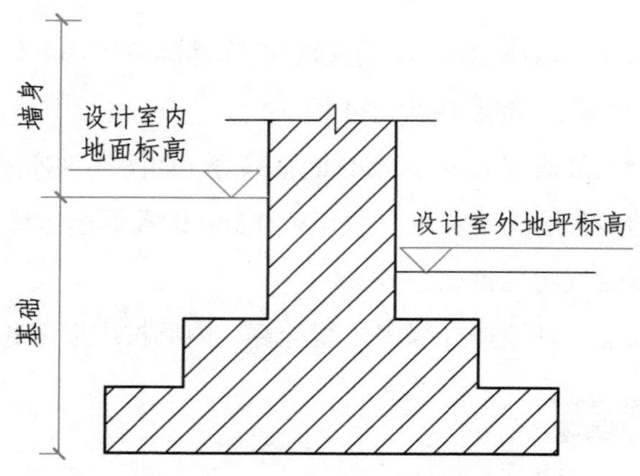

图 3-9 基础与墙（柱）身使用同一种材料

1）以设计室内地面为界，以下为基础，以上为墙（柱）身。

2）有地下室者，以地下室室内设计地面为界，以下为基础，以上为墙（柱）身。

（2）基础与墙身使用不同材料，如图 3-10 所示。

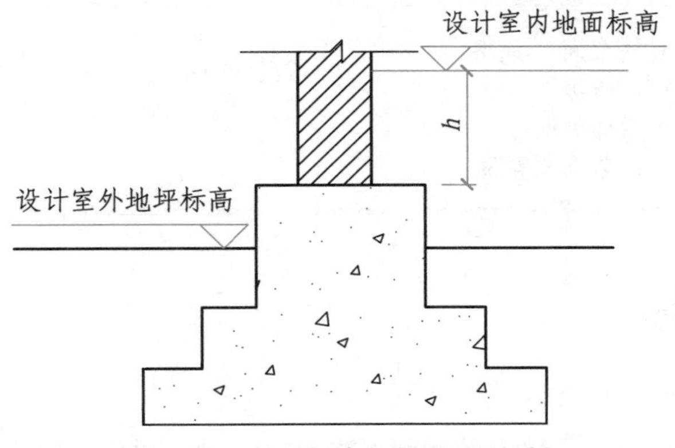

图 3-10　基础与墙身使用不同材料

1）当 $h \leqslant \pm 300$mm 时，以不同材料为分界线。

2）当 $h > \pm 300$mm 时，以设计室内地面 ±0.00 为分界线。

4. 砖围墙的基础和墙身的划分

砖围墙以设计室外地坪为界，以下为基础，以上为墙身。

任务 3.3 砖砌体

任务目标

- 熟悉砖砌体清单项目的内容。
- 掌握砖砌体清单工程量的计算规则。
- 能够编制砖砌体的工程量清单。
- 遵守工程量清单编制的相关法律法规、规范的要求。

3.3.1 本任务涉及的清单项目

本任务涉及的清单项目见表 3-4。

表 3–4　本任务涉及的清单项目

项目编码	项目名称	项目特征	计量单位	工程量计算规则	工作内容
010401003	实心砖墙	1. 砖品种、规格、强度等级 2. 墙体类型 3. 砂浆强度等级	m^3	按设计图示尺寸以体积计算。其他计算规则详见“3.3.2 计算规则”	1. 砂浆制作、运输 2. 砌砖 3. 刮缝 4. 砖压顶砌筑 5. 材料运输

3.3.2 计算规则

实心砖墙按设计图示尺寸以体积计算。

扣除：门窗、洞口、嵌入墙内的钢筋混凝土柱、梁、圈梁、挑梁、过梁及凹进墙内的壁龛、管槽、暖气槽、消火栓箱所占体积。

不扣除：梁头、板头、檩头、垫木、木楞头、沿缘木、木砖、门窗走头、砖墙内加固钢筋、木筋、铁件、钢管及单个面积≤ $0.3m^2$ 的孔洞所占的体积。

不增加：凸出墙面的腰线、挑檐、压顶、窗台线、虎头砖、门窗套的体积。

凸出墙面的砖垛并入墙体体积内计算。

1. 墙长度

外墙按中心线计算，内墙按净长线计算。

2. 墙高度

（1）外墙高度。

1）斜（坡）屋面无檐口天棚者，外墙高度算至屋面板底，如图 3–11 所示。

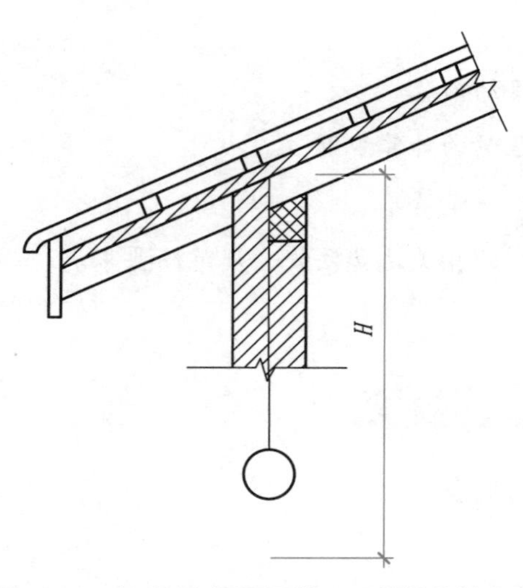

图 3–11　斜（坡）屋面无檐口天棚的外墙高度

2）有屋架且室内外均有天棚者，外墙高度算至屋架下弦底另加 200mm，如图 3-12 所示。

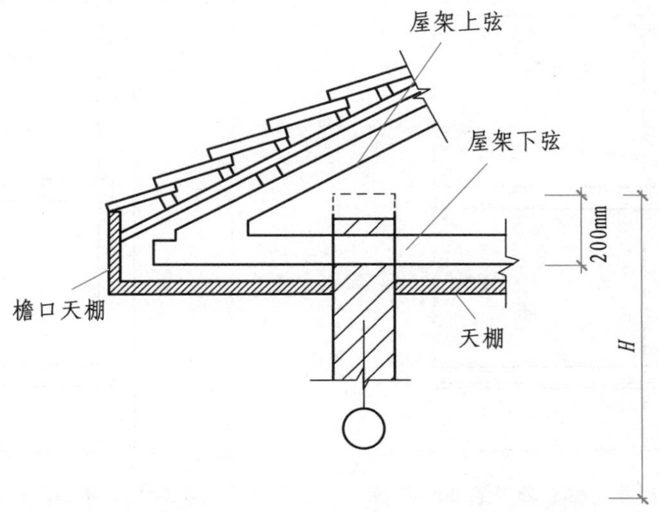

图 3-12　有屋架且室内外均有天棚的外墙高度

3）无天棚者，外墙高度如图 3-13 所示。

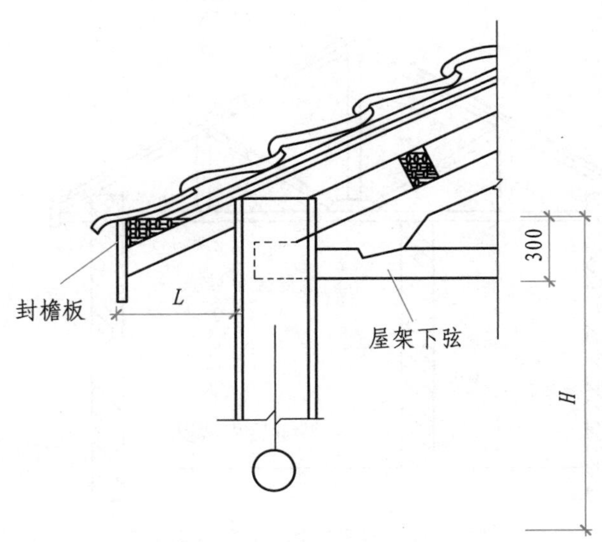

图 3-13　无天棚的外墙高度

当出檐宽度 $L \leqslant 600$mm 时，算至屋架下弦底另加 300mm。

当出檐宽度 $L > 600$mm 时，按实砌高度计算。

4）与钢筋混凝土楼板隔层者，外墙高度算至板顶，如图 3-14 所示。

5）平屋顶，外墙高度算至钢筋混凝土板底，如图 3–15 所示。

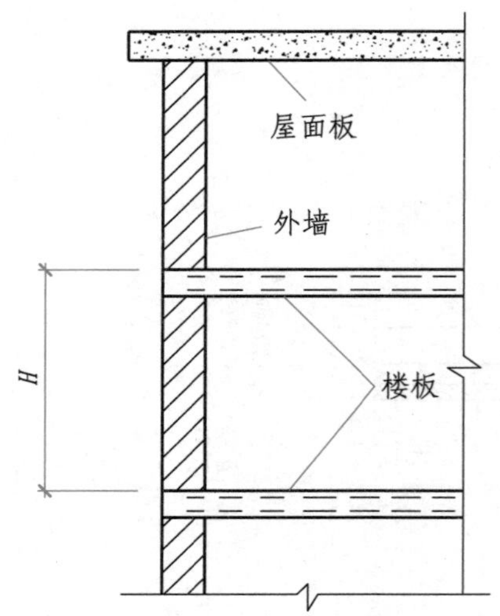

图 3–14　与钢筋混凝土楼板隔层的外墙高度

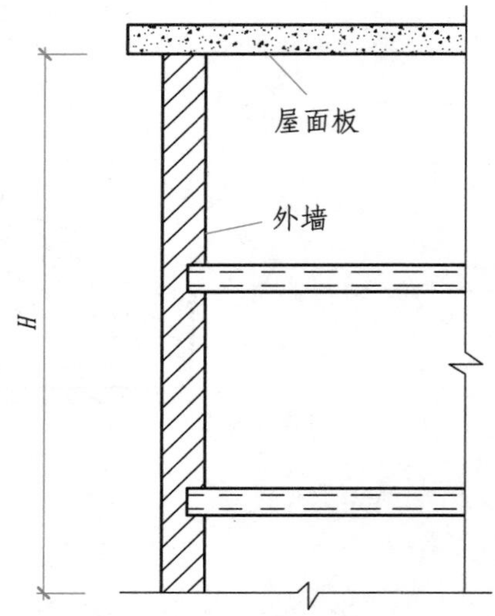

图 3–15　平屋顶的外墙高度

（2）内墙高度。

1）位于屋架下弦者，内墙高度算至屋架下弦底，如图 3–16 所示。

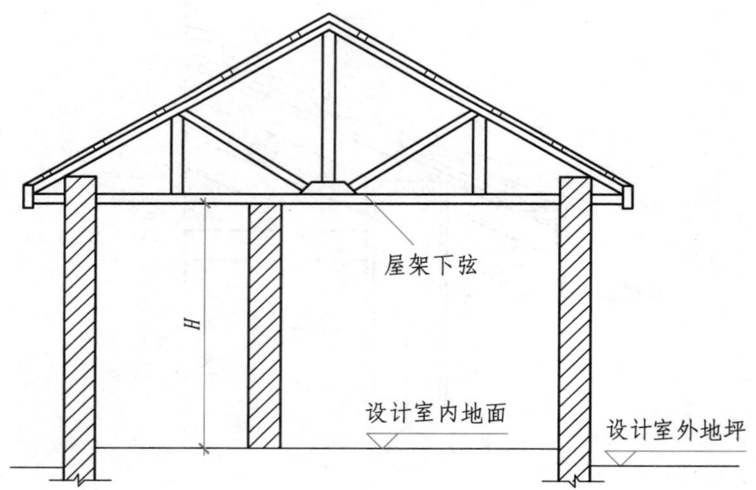

图 3–16　位于屋架下弦的内墙高度

2）无屋架者，内墙高度算至天棚底另加 100mm，如图 3–17 所示。

3）有钢筋混凝土楼板隔层者，内墙高度算至楼板顶，如图 3–18 所示。

4）有框架梁者，内墙高度算至梁底，如图 3–19 所示。

（3）女儿墙高。

1）无混凝土压顶时，女儿墙高从屋面板上表面算至女儿墙顶面，如图 3–20 所示。

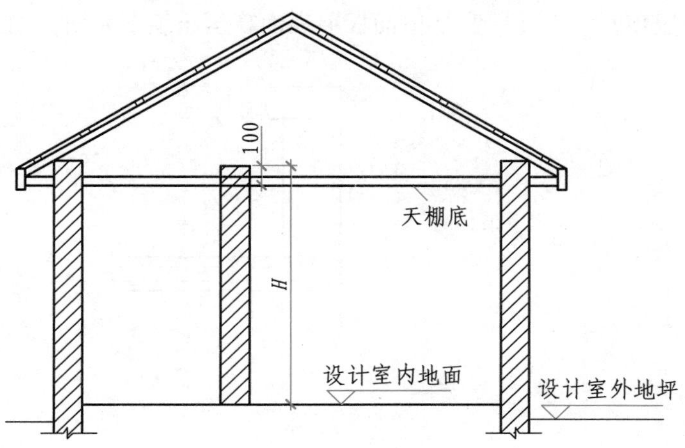

图 3-17　无屋架的内墙高度

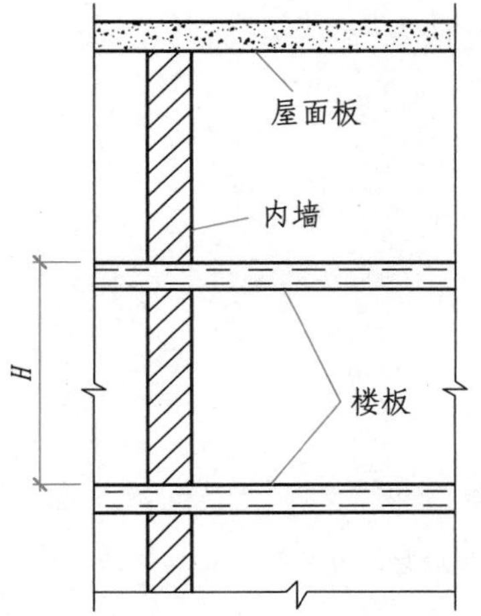

图 3-18　有钢筋混凝土楼板隔层的内墙高度

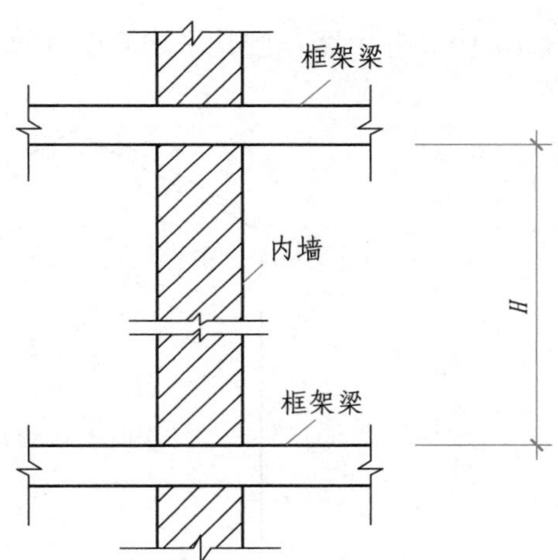

图 3-19　有框架梁的内墙高度

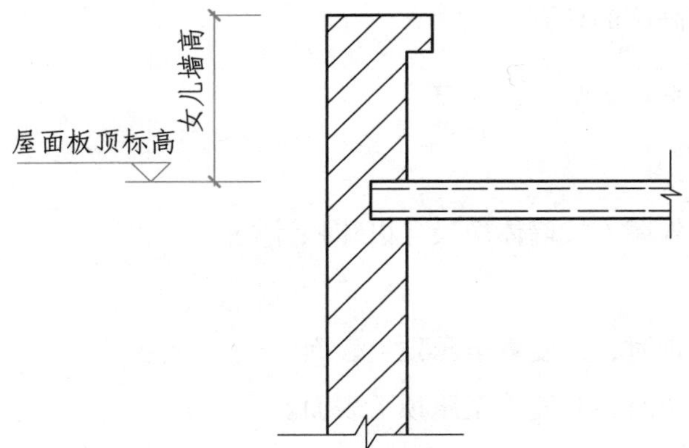

图 3-20　无混凝土压顶的女儿墙高

2）有混凝土压顶时，女儿墙高从屋面板上表面算至压顶下表面，如图 3–21 所示。

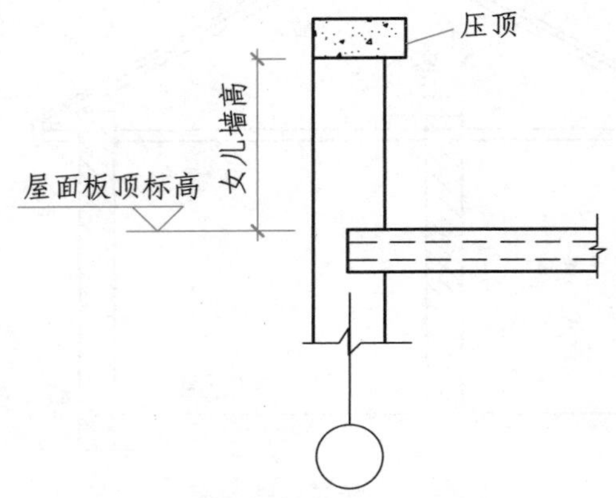

图 3–21　有混凝土压顶的女儿墙高

（4）内、外山墙，按其平均高度计算，如图 3–22 所示。

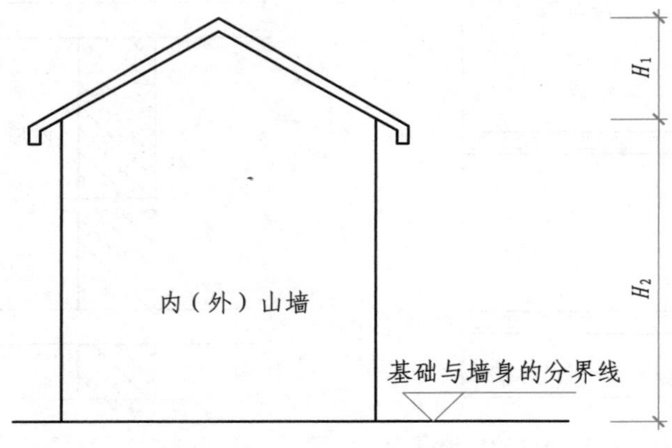

图 3–22　内、外山墙高

内、外山墙平均高度的计算公式为：

$$\text{内、外山墙平均高度} = \frac{H_1}{2} + H_2$$

3. 框架间墙

框架间墙不分内外墙，按墙体净尺寸以体积计算。

4. 围墙

（1）无混凝土压顶时，高度算至压顶上表面。

（2）有混凝土压顶时，高度算至压顶下表面。

（3）围墙柱并入围墙体积内。

3.3.3 清单编制说明

标准砖尺寸应为 240mm × 115mm × 53mm。标准砖墙厚度应按表 3-5 计算。

表 3-5 标准砖墙厚度

砖数（厚度）	$\frac{1}{4}$	$\frac{1}{2}$	$\frac{3}{4}$	1	$1\frac{1}{2}$	2	$2\frac{1}{2}$	3
计算厚度（mm）	53	115	180	240	365	490	615	740

任务 3.4 砌块砌体

任务目标

- 熟悉砌块砌体清单项目的内容。
- 掌握砌块砌体清单工程量的计算规则。
- 能够编制砌块砌体的工程量清单。
- 遵守工程量清单编制的相关法律法规、规范的要求。

3.4.1 砌块砌体的清单项目

砌块砌体的清单项目见表 3-6。

表 3-6 砌块砌体的清单项目

项目编码	项目名称	项目特征	计量单位	工程量计算规则	工作内容
010402001	砌块墙	1. 砌块品种、规格、强度等级 2. 墙体类型 3. 砂浆强度等级	m^3	按设计图示尺寸以体积计算。 其他计算规则详见“3.4.2 计算规则”	1. 砂浆制作、运输 2. 砌砖、砌块 3. 勾缝 4. 材料运输

3.4.2 计算规则

砌块墙按设计图示尺寸以体积计算。

扣除：门窗、洞口、嵌入墙内的钢筋混凝土柱、梁、圈梁、挑梁、过梁及凹进墙内的壁龛、管槽、暖气槽、消火栓箱所占体积。

不扣除：梁头、板头、檩头、垫木、木楞头、沿缘木、木砖、门窗走头、砌块墙内加固钢筋、木筋、铁件、钢管及单个面积≤ $0.3m^2$ 的孔洞所占的体积。

不增加：凸出墙面的腰线、挑檐、压顶、窗台线、虎头砖、门窗套的体积。

凸出墙面的砖垛并入墙体体积内计算。

1. 墙长度

外墙按中心线计算，内墙按净长计算。

2. 墙高度

（1）外墙高度。

1）斜（坡）屋面无檐口天棚者，外墙高度算至屋面板底。

2）有屋架且室内外均有天棚者，外墙高度算至屋架下弦底另加 200mm。

3）无天棚者，外墙高度算至屋架下弦底另加 300mm。出檐宽度超过 600mm 时，按实砌高度计算。

4）与钢筋混凝土楼板隔层者，外墙高度算至板顶。

5）平屋面，外墙高度算至钢筋混凝土板底。

（2）内墙高度。

1）位于屋架下弦者，内墙高度算至屋架下弦底。

2）无屋架者，内墙高度算至天棚底另加 100mm。

3）有钢筋混凝土楼板隔层者，内墙高度算至楼板顶。

4）有框架梁时，内墙高度算至梁底。

（3）女儿墙高度。

1）无混凝土压顶时，女儿墙高度从屋面板上表面算至女儿墙顶面。

2）有混凝土压顶时，女儿墙高度从屋面板上表面算至压顶下表面。

（4）内、外山墙，按其平均高度计算。

3. 框架间墙

框架间墙不分内外，按墙体净尺寸以体积计算。

任务 3.5 门窗工程

任务目标

- 熟悉门窗工程清单项目的内容。
- 掌握门窗工程清单工程量的计算规则。
- 能够编制门窗工程的工程量清单。
- 遵守工程量清单编制的相关法律法规、规范的要求。

3.5.1 本任务涉及的清单项目

本任务涉及的清单项目见表3-7。

表3-7 本任务涉及的清单项目

项目编码	项目名称	项目特征	计量单位	工程量计算规则	工作内容
010802001	金属（塑钢）门	1. 门代号及洞口尺寸 2. 门框或扇外围尺寸 3. 门框、扇材质 4. 玻璃品种、厚度	1. 樘 2. m^2	1. 以樘计量，按设计图示数量计算 2. 以平方米计量，按设计图示洞口尺寸以面积计算	1. 门安装 2. 五金安装 3. 玻璃安装
010807001	金属（塑钢、断桥）窗	1. 窗代号及洞口尺寸 2. 框、扇材质 3. 玻璃品种、厚度	1. 樘 2. m^2	1. 以樘计量，按设计图示数量计算 2. 以平方米计量，按设计图示洞口尺寸以面积计算	1. 窗安装 2. 五金、玻璃安装
010807004	金属纱窗	1. 窗代号及框外围尺寸 2. 框材质 3. 窗纱材料品种、规格	1. 樘 2. m^2	1. 以樘计量，按设计图示数量计算 2. 以平方米计量，按框的外围尺寸以面积计算	1. 窗安装 2. 五金安装
010809004	石材窗台板	1. 黏结层厚度、砂浆配合比 2. 窗台板材质、规格、颜色	m^2	按设计图示尺寸以展开面积计算	1. 基层清理 2. 抹找平层 3. 窗台板制作、安装

3.5.2 计算规则

1. 金属（塑钢）门、金属（塑钢、断桥）窗

（1）以樘计量，按设计图示数量计算。

（2）以平方米计量，按设计图示洞口尺寸以面积计算。

2. 金属纱窗

（1）以樘计量，按设计图示数量计算。

（2）以平方米计量，按框的外围尺寸以面积计算。

3. 石材窗台板

石材窗台板按设计图示尺寸以展开面积计算。

3.5.3 清单编制说明

1. 金属门

（1）金属门应区分金属平开门、金属推拉门、金属地弹门、全玻门（带金属扇框）、金属半玻门（带扇框）等项目，分别编码列项。

（2）铝合金门五金包括：地弹簧、门锁、拉手、门插、门铰、螺丝等。

（3）金属门五金包括L型执手插锁（双舌）、执手锁（单舌）、门轨头、地锁、防盗门机、门眼（猫眼）、门碰珠、电子锁（磁卡锁）、闭门器、装饰拉手等。

（4）以樘计量，项目特征必须描述洞口尺寸，没有洞口尺寸必须描述门框或扇的外围尺寸；以平方米计量，项目特征可不描述洞口尺寸及框、扇的外围尺寸。

（5）以平方米计量，无设计图示洞口尺寸，按门框、扇的外围以面积计算。

2. 金属窗

（1）金属窗应区分金属组合窗、防盗窗等项目，分别编码列项。

（2）以樘计量，项目特征必须描述洞口尺寸，没有洞口尺寸，必须描述窗框的外围尺寸；以平方米计量，项目特征可不描述洞口尺寸及框的外围尺寸。

（3）以平方米计量，无设计图示洞口尺寸，按窗框外围以面积计算。

（4）金属橱窗、飘（凸）窗以樘计量，项目特征必须描述框外围展开面积。

（5）金属窗五金包括折页、螺丝、执手、卡锁、铰链、风撑、滑轮、滑轨、拉把、拉手、角码、牛角制等。

项目实训

实训主题

一、工程概况

某食堂为框架结构，施工图详见本书附录，基础为钢筋混凝土带形（条形）基础，垫层为素混凝土；框架结构的非承重砌体墙（包括基础砖墙）采用标准砖，±0.00 以下的砌筑砂浆为 DM7.5 - HR，±0.00 以上的砌筑砂浆为 DM5.0 - HR；门窗洞口均设置过梁，过梁宽度同墙厚，高度为 200mm，长度为洞口两侧各加 150mm；所有轴线与中心线的偏心距离均为 120mm。女儿墙的构造柱截面尺寸为 240mm × 240mm，共 14 根，混凝土压顶截面尺寸为 240mm × 200mm。

门窗均为铝合金节能门窗，门窗边框与洞口四边间隙均为 15mm。

窗台板施工做法：

（1）30 厚黑色磨光花岗石窗台板（宽为 200mm）。

（2）8 厚干拌砂浆 DTA。

试编制该食堂的砌筑工程（包括基础砖墙）和门窗的工程量清单与计价。

二、清单计价编制说明

（一）编制依据

（1）定额采用北京市 2012 年的《房屋建筑与装饰工程预算定额》。

（2）人工、材料、机械单价采用 2020 年 12 月的《北京工程造价信息》(以下简称信息价)，没有信息价的采用市场价格（以下简称市场价），人工、材料、机械单价详见表 3-8。

表 3-8　人工、材料、机械单价

序号	名称及规格	单位	不含增值税的市场价（元）
一	人工类别		
1	综合工日（870002）	工日	122
2	综合工日（870003）	工日	124
二	材料类别		
1	烧结标准砖	块	0.97
2	成品石材　5mm	m^2	185.8
3	地弹簧	个	75.1
4	膨胀螺栓　M8 × 100	个	1.55
5	玻璃胶（密封胶）	支	13.45

续表

序号	名称及规格	单位	不含增值税的市场价（元）
6	聚氨酯泡沫填充剂	支	11.9
7	铝合金半玻平开门	m^2	560.82
8	铝合金无玻平开门	m^2	884.96
9	不锈钢全玻门	m^2	575.22
10	断桥铝合金平开窗	m^2	605.84
11	断桥铝合金固定窗	m^2	522.2
12	铝合金平开纱窗	m^2	132.53
13	胶粘剂　DTA 砂浆	m^3	1 795.6
14	砌筑砂浆　DM5.0-HR	m^3	577.6
15	砌筑砂浆　DM7.5-HR	m^3	586.2
三	机械类别		
1	灰浆搅拌机　200L	台班	100.9

（二）措施项目费

本项目暂不计算措施项目费，在项目 7 的“项目实训”中单独计算。

（三）其他项目费

无其他项目费。

（四）相关费率和税率

（1）企业管理费费率采用北京市现行标准，执行“单层建筑、其他”类的费率，为 8.4%。

（2）利润费率采用北京市的利润费率标准，为 7%。

（3）社会保险费率和住房公积金费率执行北京市现行的费率标准。社会保险费包括基本医疗保险基金、基本养老保险费、失业保险基金、工伤保险基金、残疾人就业保险金、生育保险六项保险，费率为 13.79%。住房公积金费率为 5.97%。

（4）税金执行现行的增值税税率标准，为 9%。

实训分析

1. 读图、识图

砌筑工程量计算的主要依据是建筑和结构施工图，要完成本实训，就要读懂建筑和结构施工图，还要知道本工程涉及砌筑工程的分项工程主要是墙体。

2. 清单工程量计算分析

（1）基础砖墙与墙身的判断。

因本实训基础砖墙与墙身使用不同材料，由基础断面图可知，基础顶面至设计室内

地面的高差 $h=1.7$m。因为 $h>300$mm，所以基础砖墙与墙身以设计室内地面为分界线，±0.00 以下为基础砖墙，以上为墙身。

（2）墙体长度的计算。

1）基础砖墙与墙身长度的计算。

由本实训的建筑平面图、基础平面图及断面图可知，计算长度时，均应扣除框架柱所占的长度。计算外墙及其砖基础中心线长度时，可以采用移动轴线拼成矩形的方法。

2）女儿墙长度的计算。

由本实训的屋面平面图及外墙大样图可知，所有轴线与女儿墙中心线均不重合且偏差120mm，因此在计算女儿墙中心线长度时，需要考虑轴线与中心线的偏差情况。

计算女儿墙中心线长度时，可以采用移动轴线拼成矩形的方法。

（3）墙体高度的计算。

1）墙身高度的计算。由本实训的屋面框架梁平面图可知，墙身高度应算至框架梁底。

2）女儿墙高度的计算。由本实训的外墙大样图可知，女儿墙高度应从屋面板上表面算至混凝土压顶下表面。

（4）墙体厚度。标准砖墙的计算厚度与设计图示尺寸不一致。

（5）墙体中需扣除的体积。本实训中需要扣除的有：

1）内外墙：门窗、框架柱、过梁所占的体积。

2）女儿墙：构造柱所占的体积。

3. 清单计价分析

（1）以北京市 2012 年的《房屋建筑与装饰工程预算定额》为例，定额中的墙体砌筑高度按 3.6m 编制，超过 3.6m 时，其超过部分工程量的定额综合工日乘以系数 1.3。

本实训的外墙与内墙砌筑高度均超过 3.6m，所以均需将超过部分工程量的定额综合工日乘以系数 1.3。

（2）人工、材料、机械单价、分部分项工程费、社会保险费和住房公积金、税金等相关内容与项目 1 的“实训分析”相同，此处不再赘述。

实训内容

一、编制工程量清单

步骤 1 计算门窗工程清单工程量。

1. 计算门的面积

由建筑平面图及门窗表可知：

PM1：（1.96×2）×2 = 7.84（m^2）

PM2：1.5×2 = 3（m^2）

PM3：1.2×2 = 2.4（m^2）

合计：7.84 + 3 + 2.4 = 13.24（m^2）

2. 计算窗的面积

由建筑平面图及门窗表可知：

WPC：（1.96×2）×5 = 19.6（m^2）

GC：0.8×0.8 = 0.64（m^2）

合计：19.6 + 0.64 = 20.24（m^2）

3. 计算窗台板的面积

由建筑平面图及门窗表可知：

$$(1.96\times5+0.8)\times0.2=2.12\ (m^2)$$

步骤 2 计算基础砖墙清单工程量。

1. 计算基础砖墙长度

由基础平面图可知：

（1）外墙的基础砖墙长：

$$[(16.8-0.12\times2-0.36\times3)+(7.6-0.12\times2-0.36)+(1.8-0.12-0.24)]\times2=47.84\ (m)$$

（2）内墙的基础砖墙长：

$$(4.2-0.12-0.24)+(3.8-0.12\times2)=7.4\ (m)$$

2. 计算基础砖墙高

由基础断面图可知，基础砖墙高 $h = 1.7$m。

3. 计算基础砖墙体积

$$V_{外墙基础砖墙}=47.84\times1.7\times0.365=29.68\ (m^3)$$

$$V_{内墙基础砖墙}=7.4\times1.7\times0.24=3.02\ (m^3)$$

步骤 3 计算砖墙清单工程量。

1. 计算砖墙长度

由建筑平面图可知：

（1）外墙的砖墙长：

$$[(16.8-0.12\times2-0.36\times3)+(7.6-0.12\times2-0.36)+(1.8-0.12-0.24)]\times2=47.84\ (m)$$

其中：

WKL1 下的墙长：（7.6 − 0.12×2 − 0.36）×2 = 14（m）

WKL2 下的墙长：（1.8 − 0.36）×2 = 2.88（m）

WKL3 下的墙长：$(16.8-0.36\times3-0.12\times2)\times2=30.96$（m）

（2）内墙的砖墙长：

$$(4.2-0.12-0.24)+(3.8-0.12\times2)=7.4\ (\text{m})$$

其中：

WKL2 下的墙长：$3.8-0.12\times2=3.56$（m）

WKL4 下的墙长：$4.2-0.36=3.84$（m）

2. 计算砖墙高

由建筑平面图、屋面框架梁平面图、外墙大样图可知，砖墙高为梁顶标高减去框架梁的高度。

（1）计算外墙高。

WKL1 下的墙高：$4.1-0.5=3.6$（m）

WKL2 下的墙高：$4.1-0.4=3.7$（m）

WKL3 下的墙高：$4.1-0.45=3.65$（m）

（2）计算内墙高。

WKL2 下的墙高：$4.1-0.4=3.7$（m）

WKL4 下的墙高：$4.1-0.4=3.7$（m）

3. 计算砖墙面积

（1）计算外墙面积。

WKL1 下的外墙面积：$14\times3.6=50.4$（m^2）

WKL2 下的外墙面积：$2.88\times3.7=10.66$（m^2）

WKL3 下的外墙面积：$30.96\times3.65=113$（m^2）

（2）计算内墙面积。

WKL2 下的外墙面积：$3.56\times3.7=13.17$（m^2）

WKL3 下的外墙面积：$3.84\times3.7=14.21$（m^2）

（3）计算砖墙净面积。需要扣除门窗所占的面积。

1）计算外墙净面积：

$$S_{外墙}=50.4+10.66+113-(7.84+20.24)=145.98\ (\text{m}^2)$$

2）计算内墙净面积：

$$S_{内墙}=13.17+14.21-(3+2.4)=21.98\ (\text{m}^2)$$

4. 计算砖墙体积

（1）计算外墙体积：

$$V_{外墙}=145.98\times0.365=53.28\ (\text{m}^3)$$

PM1、WPC、GC 门窗的过梁的体积（计算过程详见项目 2）：

$V_{过梁}=0.325+0.814+0.079=1.22$（$m^3$）

因此：

外墙净体积 $=53.28-1.22=52.06$（m^3）

（2）计算内墙体积：

$V_{内墙}=21.98\times0.24=5.28$（$m^3$）

PM2、PM3 门的过梁的体积（计算过程详见项目 2）：

$V_{过梁}=0.086+0.072=0.16$（m^3）

因此：

内墙净体积 $=5.28-0.16=5.12$（m^3）

步骤 4 计算女儿墙清单工程量。

根据本实训的屋面平面图及外墙大样图计算以下项目。

1. 女儿墙长度

$[(16.8+0.12\times2)+(7.6+0.12\times2)]\times2+1.8\times2=53.36$（m）

2. 女儿墙高

$5-4.1-0.1=0.8$（m）

3. 女儿墙体积

$V_{女儿墙}=53.36\times0.8\times0.24=10.25$（$m^3$）

女儿墙构造柱的体积（计算过程详见项目 2）：

$V_{构造柱}=0.84$（m^3）

因此：

女儿墙体积 $=10.25-0.84=9.41$（m^3）

步骤 5 编制工程量清单。

工程量清单编制结果见表 3-9。

表 3-9 工程量清单

序号	项目编码	项目名称	项目特征	计量单位	工程数量
1	010401001001	砖基础	1. 砖品种、规格、强度等级：标准砖 2. 基础类型：带形基础 3. 砂浆强度等级：DM7.5-HR 4. 墙厚：360mm	m^3	29.68
2	010401001002	砖基础	1. 砖品种、规格、强度等级：标准砖 2. 基础类型：带形基础 3. 砂浆强度等级：DM7.5-HR 4. 墙厚：240mm	m^3	3.02

续表

序号	项目编码	项目名称	项目特征	计量单位	工程数量
3	010401003001	外墙	1. 砖品种、规格、强度等级：标准砖 2. 墙体类型：框架间墙 3. 砂浆强度等级：DM5.0-HR 4. 墙厚：360mm	m^3	52.06
4	010401003002	内墙	1. 砖品种、规格、强度等级：标准砖 2. 墙体类型：框架间墙 3. 砂浆强度等级：DM5.0-HR 4. 墙厚：240mm	m^3	5.12
5	010401003003	女儿墙	1. 砖品种、规格、强度等级：标准砖 2. 墙体类型：女儿墙 3. 砂浆强度等级：DM5.0-HR 4. 墙厚：240mm	m^3	9.41
6	010802001001	不锈钢全玻门	1. 门代号及洞口尺寸：PM1，1 960mm × 2 000mm 2. 门框或扇外围尺寸：1 930mm × 1 970mm 3. 门框、扇材质：不锈钢 4. 玻璃品种、厚度：12mm 厚的钢化玻璃	樘	1
7	010802001002	铝合金半玻门	1. 门代号及洞口尺寸：PM2，1 500mm × 2 000mm 2. 门框或扇外围尺寸：1 470mm × 1 970mm 3. 门框、扇材质：铝合金 4. 玻璃品种、厚度：5mm 厚的单层玻璃	樘	1
8	010802001003	铝合金无玻门	1. 门代号及洞口尺寸：PM3，1 200mm × 2 000mm 2. 门框或扇外围尺寸：1 170mm × 1 970mm 3. 门框、扇材质：铝合金	樘	1
9	010807001001	铝合金双玻平开窗	1. 窗代号及洞口尺寸：WPC，1 960mm × 2 000mm 2. 框、扇材质：断桥铝合金 3. 玻璃品种、厚度：6+12A+6Low-E 中空玻璃	樘	5
10	010807001002	铝合金双玻固定窗	1. 窗代号及洞口尺寸：GC，800mm × 800mm 2. 框、扇材质：断桥铝合金 3. 玻璃品种、厚度：6+12A+6Low-E 中空玻璃	樘	1
11	010807004001	金属纱窗	1. 窗代号及洞口尺寸：WPC，1 960mm × 2 000mm 2. 框材质：铝合金 3. 窗纱材料品种、规格：不锈钢丝窗纱、0.6mm	樘	5
12	010809004001	石材窗台板	1. 黏结层厚度、砂浆配合比：8mm 厚 DTA 砂浆 2. 窗台板材质、规格、颜色：30 厚黑色磨光花岗石，宽 200mm	m^2	2.12

二、编制工程量清单计价

步骤 1 选择定额子目并调整单价。

1. 选择定额子目

以北京市2012年的《房屋建筑与装饰工程预算定额》为例，选择砖基础（010401001001）、外墙（010401003001）、不锈钢全玻门（010802001001）三个清单项目的定额子目如下：

砖基础（010401001001）包含的定额子目：砖砌体 基础（4-1）。

外墙（010401003001）包含的定额子目：砖砌体 外墙（4-2）。

不锈钢全玻门（010802001001）包含的定额子目：玻璃门 有框（8-62）、地弹簧（8-120）。

2. 调整定额子目单价

采用人工、材料、机械的信息价或市场价将定额子目单价调整为当前的价格，消耗量采用国家或省级、行业建设主管部门发布的定额子目的消耗量。以上所选的定额子目单价调整结果见表3-10。

表3-10 定额子目单价

序号	定额编号	名称	单位	定额消耗量	不含税单价	合价（元）
一	4-1	砖砌体　基础	m^3			
（一）		人工				
1		综合工日（870002）	工日	1.242	122	151.52
（二）		材料				
1		烧结标准砖	块	523.6	0.97	507.89
2		砌筑砂浆　DM7.5-HR	m^3	0.236	586.2	138.34
3		其他材料费	元			6.88
（三）		机械				
1		200L 灰浆搅拌机	台班	0.039	100.9	3.94
2		其他机具费	元			4.13
		小计				812.7
二	4-2	砖砌体　外墙	m^3			
（一）		人工				
1		综合工日（870002）	工日	1.736	122	211.79
（二）		材料				
1		烧结标准砖	块	535.5	0.97	519.44
2		砌筑砂浆　DM5.0-HR	m^3	0.278	577.6	160.57
3		其他材料费	元			6.57
（三）		机械				

续表

序号	定额编号	名称	单位	定额消耗量	不含税单价	合价（元）
1		200L 灰浆搅拌机	台班	0.046	100.9	4.64
2		其他机具费	元			5.78
		小计				908.79
三	8-62	玻璃门　有框	m^2			
（一）		人工				
1		综合工日（870003）	工日	1.232	124	152.77
（二）		材料				
1		不锈钢全玻门	m^2	1	575.22	575.22
2		膨胀螺栓　M8 × 100	个	7.978	1.55	12.37
3		其他材料费	元			17.07
（三）		机械				
1		其他机具费	元			5.08
		小计				762.51
四	8-120	地弹簧	套			
（一）		人工				
1		综合工日（870003）	工日	0.308	124	38.19
（二）		材料				
1		地弹簧	个	1	75.1	75.1
2		其他材料费	元			1.33
（三）		机械				
1		其他机具费	元			1.2
		小计				115.82

步骤 2　计算直接工程费。

定额工程量的计算（计算过程略）以北京市 2012 年的《房屋建筑与装饰工程预算定额》中工程量的计算规则为例，直接工程费的计算结果见表 3-11。

表 3-11　直接工程费

序号	清单编码 / 定额编号	名称	工程量		价值（元）		其中：人工费（元）	
			单位	数量	单价	合价	单价	合价
一	010401001001	砖基础	m^3	29.68				
1	4-1	砖砌体　基础	m^3	29.68	812.7	24 120.94	151.5	4 497.11

续表

序号	清单编码 / 定额编号	名称	工程量		价值（元）		其中：人工费（元）	
			单位	数量	单价	合价	单价	合价
二	010401001002	砖基础	m^3	3.02				
1	4-1	砖砌体　基础	m^3	3.02	812.7	2 454.35	151.5	457.59
三	010401003001	外墙	m^3	52.06				
1	4-2	砖砌体　外墙	m^3	51.4	908.79	46 711.81	211.8	10 886.01
2	4-2 换	砖砌体　外墙	m^3	0.66	972.33	641.74	275.3	181.72
四	010401003002	内墙	m^3	5.12				
1	4-3	砖砌体　内墙	m^3	4.94	848.7	4 192.58	185.1	914.25
2	4-3 换	砖砌体　内墙	m^3	0.18	903.75	162.68	240.6	43.31
五	010401003003	女儿墙	m^3	9.41				
1	4-6	砖砌体　女儿墙	m^3	9.41	867.6	8 164.12	192.5	1 811.61
六	010802001001	不锈钢全玻门	樘	1				
1	8-62	玻璃门　有框	m^2	7.84	762.51	5 978.08	152.8	1 197.72
2	8-120	地弹簧	套	4	115.82	463.28	38.19	152.76
七	010802001002	铝合金半玻门	樘	1				
1	8-21	铝合金门　半玻　平开	m^2	3	647.41	1 942.23	64.11	192.33
2	8-143	门窗后塞口　填充剂	m^2	3	15.92	47.76	8.06	24.18
八	010802001003	铝合金无玻门	樘	1				
1	8-21 换	铝合金门　无玻　平开	m^2	2.4	971.54	2 331.7	64.11	153.86
2	8-143	门窗后塞口　填充剂	m^2	2.4	15.92	38.21	8.06	19.34
九	010807001001	铝合金双玻平开窗	樘	5				
1	8-75	断桥铝合金窗　平开	m^2	19.6	664.21	13 018.52	34.97	685.41
2	8-143	门窗后塞口　填充剂	m^2	19.6	15.92	312.03	8.06	157.98
十	010807001002	铝合金双玻固定窗	樘	1				
1	8-77 换	断桥铝合金窗　固定	m^2	0.64	568.67	363.95	23.06	14.76
2	8-143	门窗后塞口　填充剂	m^2	0.64	15.92	10.19	8.06	5.16
十一	010807004001	金属纱窗	樘	5				
1	8-81	纱窗　平开	m^2	19.6	145.91	2 859.84	10.79	211.48
十二	010809004001	石材窗台板	m^2	2.12				
1	8-104	窗台板　石材　不带铁活	m^2	2.12	265.17	562.16	21.08	44.69
合计						114 376.2		21 651.27

步骤 3 计算综合单价。

每个清单项目的直接工程费均为其项下所有定额子目合价之和，如：砖基础（010401001001）的直接工程费为“砖砌体 基础（4-1）”一个定额子目的合价；不锈钢全玻门（010802001001）的直接工程费为“玻璃门 有框（8-62）”“地弹簧（8-120）”两个定额子目的合价之和。

综合单价的计算结果见表 3-12。

表 3-12 综合单价

序号	清单编码	费用项目	计算基础	计算基数	计算费率	金额（元）
一	010401001001	砖基础				
1		直接工程费				24 120.94
2		企业管理费	直接工程费	24 120.94	8.40%	2 026.16
3		利润	直接工程费 + 企业管理费	26 147.1	7.00%	1 830.3
4		风险费（适用于投标报价）				0
5		分部分项工程费	直接工程费 + 企业管理费 + 利润 + 风险费			27 977.4
6		综合单价 = 项目 5 ÷ 清单工程量	分部分项工程费			942.63
二	010401001002	砖基础				
1		直接工程费				2 454.35
2		企业管理费	直接工程费	2 454.35	8.40%	206.17
3		利润	直接工程费 + 企业管理费	2 660.52	7.00%	186.24
4		风险费（适用于投标报价）				0
5		分部分项工程费	直接工程费 + 企业管理费 + 利润 + 风险费			2 846.76
6		综合单价 = 项目 5 ÷ 清单工程量	分部分项工程费			942.64
三	010401003001	外墙				
1		直接工程费				47 353.55
2		企业管理费	直接工程费	47 353.55	8.40%	3 977.7

续表

序号	清单编码	费用项目	计算基础	计算基数	计算费率	金额（元）
3		利润	直接工程费 + 企业管理费	51 331.25	7.00%	3 593.19
4		风险费（适用于投标报价）				0
5		分部分项工程费	直接工程费 + 企业管理费 + 利润 + 风险费			54 924.44
6		综合单价 = 项目 5 ÷ 清单工程量	分部分项工程费			1 055.02
四	010401003002	内墙				
1		直接工程费				4 355.26
2		企业管理费	直接工程费	4 355.26	8.40%	365.84
3		利润	直接工程费 + 企业管理费	4 721.1	7.00%	330.48
4		风险费（适用于投标报价）				0
5		分部分项工程费	直接工程费 + 企业管理费 + 利润 + 风险费			5 051.58
6		综合单价 = 项目 5 ÷ 清单工程量	分部分项工程费			986.64
五	010401003003	女儿墙				
1		直接工程费				8 164.12
2		企业管理费	直接工程费	8 164.12	8.40%	685.79
3		利润	直接工程费 + 企业管理费	8 849.91	7.00%	619.49
4		风险费（适用于投标报价）				0
5		分部分项工程费	直接工程费 + 企业管理费 + 利润 + 风险费			9 469.4
6		综合单价 = 项目 5 ÷ 清单工程量	分部分项工程费			1 006.31
六	010802001001	不锈钢全玻门				
1		直接工程费				6 441.36
2		企业管理费	直接工程费	6 441.36	8.40%	541.07

续表

序号	清单编码	费用项目	计算基础	计算基数	计算费率	金额（元）
3		利润	直接工程费 + 企业管理费	6 982.43	7.00%	488.77
4		风险费（适用于投标报价）				0
5		分部分项工程费	直接工程费 + 企业管理费 + 利润 + 风险费			7 471.2
6		综合单价 = 项目 5 ÷ 清单工程量	分部分项工程费			7 471.2
七	010802001002	铝合金半玻门				
1		直接工程费				1 989.99
2		企业管理费	直接工程费	1 989.99	8.40%	167.16
3		利润	直接工程费 + 企业管理费	2 157.15	7.00%	151
4		风险费（适用于投标报价）				0
5		分部分项工程费	直接工程费 + 企业管理费 + 利润 + 风险费			2 308.15
6		综合单价 = 项目 5 ÷ 清单工程量	分部分项工程费			2 308.15
八	010802001003	铝合金无玻门				
1		直接工程费				2 369.91
2		企业管理费	直接工程费	2 369.91	8.40%	199.07
3		利润	直接工程费 + 企业管理费	2 568.98	7.00%	179.83
4		风险费（适用于投标报价）				0
5		分部分项工程费	直接工程费 + 企业管理费 + 利润 + 风险费			2 748.81
6		综合单价 = 项目 5 ÷ 清单工程量	分部分项工程费			2 748.81
九	010807001001	铝合金双玻平开窗				
1		直接工程费				13 330.55
2		企业管理费	直接工程费	13 330.55	8.40%	1 119.77

续表

序号	清单编码	费用项目	计算基础	计算基数	计算费率	金额（元）
3		利润	直接工程费＋企业管理费	14 450.32	7.00%	1 011.52
4		风险费（适用于投标报价）				0
5		分部分项工程费	直接工程费＋企业管理费＋利润＋风险费			15 461.84
6		综合单价＝项目 5÷清单工程量	分部分项工程费			3 092.37
十	010807001002	铝合金双玻固定窗				
1		直接工程费				374.14
2		企业管理费	直接工程费	374.14	8.40%	31.43
3		利润	直接工程费＋企业管理费	405.57	7.00%	28.39
4		风险费（适用于投标报价）				0
5		分部分项工程费	直接工程费＋企业管理费＋利润＋风险费			433.96
6		综合单价＝项目 5÷清单工程量	分部分项工程费			433.96
十一	010807004001	金属纱窗				
1		直接工程费				2 859.84
2		企业管理费	直接工程费	2 859.84	8.40%	240.23
3		利润	直接工程费＋企业管理费	3 100.07	7.00%	217
4		风险费（适用于投标报价）				0
5		分部分项工程费	直接工程费＋企业管理费＋利润＋风险费			3 317.07
6		综合单价＝项目 5÷清单工程量	分部分项工程费			663.41
十二	010809004001	石材窗台板				
1		直接工程费				562.16
2		企业管理费	直接工程费	562.16	8.40%	47.22
3		利润	直接工程费＋企业管理费	609.38	7.00%	42.66

续表

序号	清单编码	费用项目	计算基础	计算基数	计算费率	金额（元）
4		风险费（适用于投标报价）				0
5		分部分项工程费	直接工程费 + 企业管理费 + 利润 + 风险费			652.04
6		综合单价 = 项目 5 ÷ 清单工程量	分部分项工程费			307.57
合计						132 662.65

步骤 4 计算分部分项工程费。

分部分项工程费计算结果见表 3-13。

表 3-13　分部分项工程费

序号	项目编码	项目名称	项目特征描述	计量单位	工程量	金额（元）		
						综合单价	合价	其中 暂估价
一		砌筑工程					100 269.35	0
1	010401001001	砖基础	1. 砖品种、规格、强度等级：标准砖 2. 基础类型：带形基础 3. 砂浆强度等级：DM7.5-HR 4. 墙厚：360mm	m^3	29.68	942.63	27 977.26	0
2	010401001002	砖基础	1. 砖品种、规格、强度等级：标准砖 2. 基础类型：带形基础 3. 砂浆强度等级：DM7.5-HR 4. 墙厚：240mm	m^3	3.02	942.64	2 846.77	0
3	010401003001	外墙	1. 砖品种、规格、强度等级：标准砖 2. 墙体类型：框架间墙 3. 砂浆强度等级：DM5.0-HR 4. 墙厚：360mm	m^3	52.06	1 055.02	54 924.34	0
4	010401003002	内墙	1. 砖品种、规格、强度等级：标准砖 2. 墙体类型：框架间墙 3. 砂浆强度等级：DM5.0-HR 4. 墙厚：240mm	m^3	5.12	986.64	5 051.6	0

续表

序号	项目编码	项目名称	项目特征描述	计量单位	工程量	金额（元）		
						综合单价	合价	其中 暂估价
5	010401003003	女儿墙	1. 砖品种、规格、强度等级：标准砖 2. 墙体类型：女儿墙 3. 砂浆强度等级：DM5.0-HR 4. 墙厚：240mm	m^3	9.41	1 006.31	9 469.38	0
二		门窗工程					32 393.07	0
6	010802001001	不锈钢全玻门	1. 门代号及洞口尺寸：PM1，1 960mm × 2 000mm 2. 门框或扇外围尺寸：1 930mm × 1 970mm 3. 门框、扇材质：不锈钢 4. 玻璃品种、厚度：12mm 厚的钢化玻璃	樘	1	7 471.2	7 471.2	0
7	010802001002	铝合金半玻门	1. 门代号及洞口尺寸：PM2，1 500mm × 2 000mm 2. 门框或扇外围尺寸：1 470mm × 1 970mm 3. 门框、扇材质：铝合金 4. 玻璃品种、厚度：5mm 厚的单层玻璃	樘	1	2 308.15	2 308.15	0
8	010802001003	铝合金无玻门	1. 门代号及洞口尺寸：PM3，1 200mm × 2 000mm 2. 门框或扇外围尺寸：1 170mm × 1 970mm 3. 门框、扇材质：铝合金	樘	1	2 748.81	2 748.81	0
9	010807001001	铝合金双玻平开窗	1. 窗代号及洞口尺寸：WPC，1 960mm × 2 000mm 2. 框、扇材质：断桥铝合金 3. 玻璃品种、厚度：6+12A+6Low-E 中空玻璃	樘	5	3 092.37	15 461.85	0
10	010807001002	铝合金双玻固定窗	1. 窗代号及洞口尺寸：GC，800mm × 800mm 2. 框、扇材质：断桥铝合金 3. 玻璃品种、厚度：6+12A+6Low-E 中空玻璃	樘	1	433.96	433.96	0

续表

序号	项目编码	项目名称	项目特征描述	计量单位	工程量	金额（元）		
						综合单价	合价	其中 暂估价
11	010807004001	金属纱窗	1. 窗代号及洞口尺寸：WPC，1 960mm × 2 000mm 2. 框材质：铝合金 3. 窗纱材料品种、规格：不锈钢丝窗纱、0.6mm	樘	5	663.41	3 317.05	0
12	010809004001	石材窗台板	1. 黏结层厚度、砂浆配合比：8mm 厚 DTA 砂浆 2. 窗台板材质、规格、颜色：30 厚黑色磨光花岗石，宽 200mm	m^2	2.12	307.57	652.05	0
分部分项工程费小计							132 662.42	0

步骤 5 计算规费、税金。

规费、税金计算结果见表 3–14。

表 3–14 规费、税金

序号	项目名称	计算基础	计算基数	计算费率	金额（元）
1	规费				4 278.29
1.1	社会保险费	（分部分项工程费 + 措施项目费 + 其他项目费）中的人工费	21 651.27	13.79%	2 985.71
1.2	住房公积金	（分部分项工程费 + 措施项目费 + 其他项目费）中的人工费	21 651.27	5.97%	1 292.58
2	税金	分部分项工程费 + 措施项目费 + 其他项目费 + 规费	136 940.71	9.00%	12 324.66
合计					16 602.95

步骤 6 计算总价。

总价计算结果见表 3–15。

表 3–15 总价

序号	汇总内容	金额（元）	其中：暂估价（元）
1	分部分项工程	132 662.42	0
1.1	砌筑工程	100 269.35	0

续表

序号	汇总内容	金额（元）	其中：暂估价（元）
1.2	门窗工程	32 393.07	0
2	措施项目	0	0
2.1	其中：安全文明施工费	0	0
3	其他项目	0	0
3.1	其中：暂列金额	0	0
3.2	其中：专业工程暂估价	0	0
3.3	其中：计日工	0	0
3.4	其中：总承包服务费	0	0
4	规费	4 278.29	0
5	税金	12 324.66	0
	合计 =1+2+3+4+5	149 265.37	0

技能检测

一、单选题

1. 根据《房屋建筑与装饰工程工程量计量规范》（GB 50854–2013）的规定，关于砌墙工程量计算，下列说法正确的是（　　）。（2016 年注册造价工程师考试题）

A. 扣除凹进墙内的管槽、暖气槽所占体积　B. 扣除伸入墙内的梁头、板头所占体积

C. 扣除凸出墙面砖垛体积　D. 扣除檩头、垫木所占体积

2. 根据《房屋建筑与装饰工程工程量计算规范》（GB 50584–2013）的规定，关于门窗工程量计算，下列说法正确的是（　　）。（2016 年注册造价工程师考试题）

A. 木质门带套工程量应按套外围面积计算

B.门窗工程量计量单位与项目特征描述无关

C. 门窗工程量按图示尺寸以面积为单位时，项目特征必须描述洞口尺寸

D. 门窗工程量以数量“樘”为单位时，项目特征必须描述洞口尺寸

3. 根据《房屋建筑与装饰工程工程量计算规范》（GB 50854–2013）的规定，关于砖基础工程量计算，下列说法正确的是（　　）。（2017 年注册造价工程师考试题）

A. 外墙基础断面积（含大放脚）乘以外墙中心线长度以体积计算

B. 内墙基础断面积（大放脚部分扣除）乘以内墙净长线以体积计算

C. 地圈梁部分体积并入基础计算

D. 靠墙暖气沟挑檐体积并入基础计算

4. 根据《房屋建筑与装饰工程工程量计算规范》(GE 50854-2013)的规定，关于实心砖墙工程量计算，下列说法正确的是(　　)。(2017 年注册造价工程师考试题)

A. 凸出墙面的砖垛单独列项　　B. 框架梁间内墙按梁间墙体积计算

C. 围墙扣除柱所占体积　　D. 平屋顶外墙算至钢筋混凝土板顶面

5. 根据《房屋建筑与装饰工程工程量计算规范》(GB 50854-2013)的规定，砌筑工程垫层工程量应(　　)。(2017 年注册造价工程师考试题)

A. 按基坑(槽)底设计图示尺寸以面积计算

B. 按垫层设计宽度乘以中心线长度以面积计算

C. 按设计图示尺寸以体积计算

D. 按实际铺设垫层面积计算

二、多选题

根据《房屋建筑与装饰工程工程量计算规范》(GB 50854-2013)的规定，在砌筑工程中，石基础、石勒脚、石墙身的划分界限为(　　)。

A. 基础与勒脚应以设计室外地坪为界

B. 勒脚与墙身应以设计室内地坪为界

C. 石围墙内外地坪标高不同时，应以较高地坪标高为界，以下为基础

D. 石围墙内外地坪标高不同时，内外标高之差为挡土墙时，挡土墙以上为墙身

E. 石围墙内外地坪标高不同时，内外标高之差为挡土墙时，挡土墙以下为墙身

项目 4　楼地面装饰工程工程量清单与计价

项目导读

楼地面装饰工程工程量清单包括整体面层、块料面层、橡塑面层、踢脚线等内容。

通过学习《房屋建筑与装饰工程工程量计算规范》(GB 50854-2013)中楼地面装饰工程的相关内容，熟悉楼地面装饰工程工程量清单的相关编制内容，掌握楼地面装饰工程工程量清单的计算规则，了解定额工程量与清单工程量计算规则的区别，能够编制楼地面装饰工程的工程量清单。

依据《建设工程工程量清单计价规范》(GB 50500-2013)，通过学习楼地面装饰工程工程量清单计价的编制，掌握工程量清单计价的编制流程、方法等。

项目重点

1. 定额工程量与清单工程量计算规则的区别。
2. 块料面层工程量的计算规则。
3. 楼地面装饰工程工程量清单计价的编制。

思政目标

通过本项目的学习，了解工程量清单与计价在工程建设中的重要地位和作用，认识错误的编制将导致的损失，养成一丝不苟的工作作风。

任务 4.1 平面砂浆找平层

任务目标

- 熟悉平面砂浆找平层清单项目的内容。
- 掌握平面砂浆找平层清单工程量的计算规则。
- 能够编制平面砂浆找平层的工程量清单。
- 遵守工程量清单编制的相关法律法规、规范的要求。

4.1.1 本任务涉及的清单项目

本任务涉及的清单项目见表 4-1。

表 4-1 本任务涉及的清单项目

项目编码	项目名称	项目特征	计量单位	工程量计算规则	工作内容
011101006	平面砂浆找平层	找平层厚度、砂浆配合比	m^2	按设计图示尺寸以面积计算	1. 基层清理 2. 抹找平层 3. 材料运输

4.1.2 计算规则

平面砂浆找平层按设计图示尺寸以面积计算。

4.1.3 清单编制说明

平面砂浆找平层清单项目适用于仅做找平层的平面抹灰。

任务 4.2 块料面层

任务目标

- 熟悉块料面层清单项目的内容。
- 掌握块料面层清单工程量的计算规则。
- 能够编制块料面层的工程量清单。
- 遵守工程量清单编制的相关法律法规、规范的要求。

4.2.1 本任务涉及的清单项目

本任务涉及的清单项目见表 4–2。

表 4–2 本任务涉及的清单项目

项目编码	项目名称	项目特征	计量单位	工程量计算规则	工作内容
011102001	石材楼地面	1. 找平层厚度、砂浆配合比 2. 结合层厚度、砂浆配合比 3. 面层材料品种、规格、颜色 4. 嵌缝材料种类 5. 防护层材料种类 6. 酸洗、打蜡要求	m^2	按设计图示尺寸以面积计算。门洞、空圈、暖气包槽、壁龛的开口部分并入相应的工程量内	1. 基层清理 2. 抹找平层 3. 面层铺设、磨边 4. 嵌缝 5. 刷防护材料 6. 酸洗、打蜡 7. 材料运输
011102003	块料楼地面				

4.2.2 计算规则

（1）块料面层按设计图示尺寸以面积计算。

（2）门洞、空圈、暖气包槽、壁龛的开口部分并入相应的工程量。

4.2.3 清单编制说明

（1）当描述碎石材项目的面层材料特征时，可不用描述规格、颜色。

（2）石材、块料与黏结材料的结合面刷防渗材料的种类在防护层材料种类中描述。

（3）表 4–2 中的磨边是指施工现场磨边。

（4）不大于 0.5m^2 的少量分散的楼地面镶贴块料面层应按《房屋建筑与装饰工程工程

量计算规范》(GB 50854-2013)中“L.8 零星装饰项目”执行。

(5)混凝土垫层应按《房屋建筑与装饰工程工程量计算规范》(GB 50854-2013)附录 E 的混凝土垫层项目编码列项，其他垫层的清单项目应按附录 D 的垫层项目编码列项。

任务 4.3 踢脚线

任务目标

- 熟悉踢脚线清单项目的内容。
- 掌握踢脚线清单工程量的计算规则。
- 能够编制踢脚线的工程量清单。
- 遵守工程量清单编制的相关法律法规、规范的要求。

4.3.1 本任务涉及的清单项目

本任务涉及的清单项目见表 4-3。

表 4-3 本任务涉及的清单项目

项目编码	项目名称	项目特征	计量单位	工程量计算规则	工作内容
011105002	石材踢脚线	1. 踢脚线高度 2. 粘贴层厚度、材料种类 3. 面层材料品种、规格、颜色 4. 防护材料种类	1.m^2 2.m	1. 以平方米计量，按设计图示长度乘以高度以面积计算 2. 以米计量，按延长米计算	1. 基层清理 2. 底层抹灰 3. 面层铺贴、磨边 4. 擦缝 5. 磨光、酸洗、打蜡 6. 刷防护材料 7. 材料运输

4.3.2 计算规则

(1)石材踢脚线以平方米计量时，按设计图示长度乘以高度以面积计算。

(2)石材踢脚线以米计量时，按延长米计算。

4.3.3 清单编制说明

（1）石材、块料与黏结材料的结合面刷防渗材料的种类在防护层材料种类中描述。

（2）表 4-3 中的磨边是指施工现场磨边。

任务 4.4 楼梯面层

任务目标

- 熟悉楼梯面层清单项目的内容。
- 掌握楼梯面层清单工程量的计算规则。
- 能够编制楼梯面层的工程量清单。
- 遵守工程量清单编制的相关法律法规、规范的要求。

4.4.1 本任务涉及的清单项目

本任务涉及的清单项目见表 4-4。

表 4-4 本任务涉及的清单项目

项目编码	项目名称	项目特征	计量单位	工程量计算规则	工作内容
011106001	石材楼梯面层	1. 找平层厚度、砂浆配合比 2. 黏结层厚度、材料种类 3. 面层材料品种、规格、颜色 4. 防滑条材料种类、规格 5. 勾缝材料种类 6. 防护材料种类 7. 酸洗、打蜡要求	m^2	按设计图示尺寸以楼梯（包括踏步、休息平台及≤500mm的楼梯井）水平投影面积计算。楼梯与楼地面相连时，算至梯口梁内侧边沿；无梯口梁者，算至最上一层踏步边沿加300mm	1. 基层清理 2. 抹找平层 3. 面层铺贴、磨边 4. 贴嵌防滑条 5. 勾缝 6. 刷防护材料 7. 酸洗、打蜡 8. 材料运输
011106002	块料楼梯面层				

4.4.2 计算规则

楼梯面层按设计图示尺寸以楼梯水平投影面积计算，包括踏步、休息平台及≤ 500mm 的楼梯井。

（1）楼梯与楼地面相连时，算至梯口梁内侧边沿。

说明：楼梯的水平投影面积包括梯口梁，如图 4-1 所示。

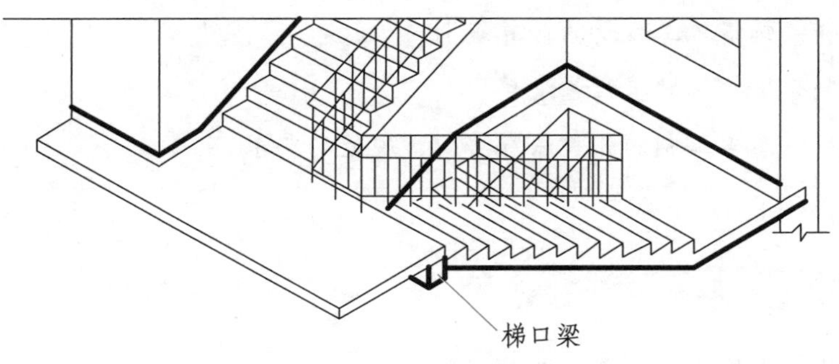

图 4-1 有梯口梁的楼梯

（2）无梯口梁者，算至最上一层踏步边沿加 300mm，如图 4-2 所示。

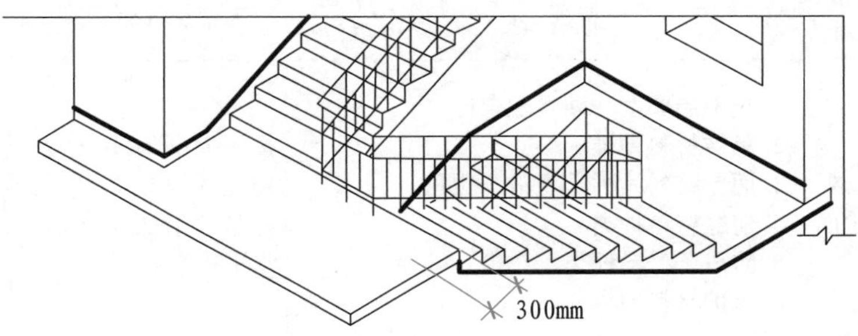

图 4-2 无梯口梁的楼梯

4.4.3 清单编制说明

（1）在描述碎石材项目的面层材料特征时，可不用描述规格、颜色。

（2）石材、块料与黏结材料的结合面刷防渗材料的种类在防护层材料种类中描述。

（3）表 4-4 中的磨边是指施工现场磨边。

（4）楼梯侧面镶贴块料面层应按《房屋建筑与装饰工程工程量计算规范》（GB 50854-2013）中“L.8 零星装饰项目”执行。

任务 4.5 台阶装饰

任务目标

- 熟悉台阶装饰清单项目的内容。
- 掌握台阶装饰清单工程量的计算规则。
- 能够编制台阶装饰的工程量清单。
- 遵守工程量清单编制的相关法律法规、规范的要求。

4.5.1 本任务涉及的清单项目

本任务涉及的清单项目见表 4–5。

表 4–5 本任务涉及的清单项目

项目编码	项目名称	项目特征	计量单位	工程量计算规则	工作内容
011107001	石材台阶面	1. 找平层厚度、砂浆配合比 2. 黏结材料种类 3. 面层材料品种、规格、颜色 4. 勾缝材料种类 5. 防滑条材料种类、规格 6. 防护材料种类	m^2	按设计图示尺寸以台阶（包括最上层踏步边沿加 300mm）水平投影面积计算	1. 基层清理 2. 抹找平层 3. 面层铺贴 4. 贴嵌防滑条 5. 勾缝 6. 刷防护材料 7. 材料运输

4.5.2 计算规则

台阶面按设计图示尺寸以台阶水平投影面积计算，包括最上层踏步边沿加 300mm，如图 4–3 所示。计算公式为：

$$S_{台阶}=C\times(D+0.3)$$

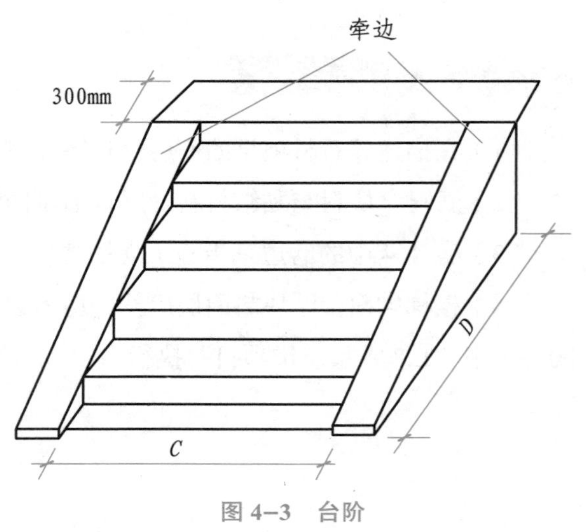

图 4–3 台阶

4.5.3 清单编制说明

（1）在描述碎石材项目的面层材料特征时，可不用描述规格、颜色。

（2）石材、块料与黏结材料的结合面刷防渗材料的种类在防护层材料种类中描述。

（3）台阶牵边和侧面镶贴块料面层应按《房屋建筑与装饰工程工程量计算规范》（GB 50854-2013）中“L.8 零星装饰项目”执行。

（4）混凝土垫层应按《房屋建筑与装饰工程工程量计算规范》（GB 50854-2013）附录 E 的混凝土垫层项目编码列项，其他垫层的清单项目应按附录 D 的垫层项目编码列项。

项目实训

实训主题

一、工程概况

某食堂为框架结构，施工图详见本书附录。

（一）餐厅地面施工做法（地 1）

（1）20 厚米黄色磨光花岗石板（800mm × 800mm），用 10 厚 DTA 砂浆铺实拍平（正、背面及四周边满涂防污剂），DTG 擦缝。

（2）20 厚 DS 干拌砂浆找平层。

（3）100 厚 C15 混凝土。

（4）素土夯实，压实系数 0.90。

（二）餐厅踢脚施工做法（踢 1）

（1）DTG 砂浆勾缝。

（2）10 厚黑色磨光花岗石板面层（高 150mm），石材六面满涂防污剂（用 DTA 砂浆黏结）。

（3）6 厚 DP－HR 砂浆压实抹平。

（4）9 厚 DP－HR 砂浆打底。

（三）卫生间、操作室地面施工做法

（1）8 厚白色防滑地砖（300mm × 300mm），DTG 擦缝。

（2）5 厚 DTA 砂浆黏结层。

（3）20 厚 DS 干拌砂浆找平层。

（4）1.5 厚丙烯酸酯防水涂料，防水反边的高度为 500mm。

（5）最薄处 35 厚 C15 细石混凝土（平均厚度为 50mm），从门口处向地漏找 1% 的坡，随打随抹平，四周及管根部位用 DS 砂浆抹小八字角。

（6）60 厚 C15 混凝土。

（7）素土夯实，压实系数≥ 0.9。

（四）屋面施工做法（详见通用图集华北标 12BJ1-1 工程做法第 E17 页平屋 ZZ－1）

（1）8 厚彩色釉面防滑地砖（600mm×600mm），DTG 擦缝。

（2）5 厚 DTA 砂浆铺卧。

（3）0.7 厚聚乙烯丙纶防水卷材，用 1.3 厚配套黏结料粘贴。

（4）15 厚 DS 砂浆找平层。

（5）最薄 50 厚 B 型复合轻集料垫层（平均厚度为 80mm），找 2% 的坡。

（6）0.4 厚塑料薄膜隔离层。

（7）80 厚挤塑聚苯板保温层。

（8）钢筋混凝土屋面板。

（五）台阶（无台基）施工做法

台阶（无台基）施工做法详见项目 2 的“实训主题”。

试编制该食堂餐厅地面和踢脚、卫生间和操作室地面、台阶、屋面（不包括防水层、保温层）的工程量清单与计价。说明：门洞开口部分的工程量忽略不计。

二、清单计价编制说明

（一）编制依据

（1）定额采用北京市 2012 年的《房屋建筑与装饰工程预算定额》。

（2）人工、材料、机械单价采用 2020 年 12 月的《北京工程造价信息》（以下简称信息价），没有信息价的采用市场价格（以下简称市场价），人工、材料、机械单价详见表 4-6。

表 4-6　人工、材料、机械单价

序号	名称及规格	单位	不含增值税的市场价（元）
一	人工类别		
1	综合工日（870001）	工日	122
2	综合工日（870002）	工日	122
3	综合工日（870003）	工日	124
4	综合工日（870004）	工日	124
二	材料类别		
1	生石灰	kg	0.126
2	地面砖　0.16m^2 以内	m^2	77.45
3	地面砖　0.16m^2 以外	m^2	93.61

续表

序号	名称及规格	单位	不含增值税的市场价（元）
4	花岗石板　0.25m^2 以外	m^2	215.9
5	花岗石踢脚板	m	51.7
6	花岗岩石厚　30mm	m^2	133.6
7	钢板网	m^2	9.52
8	硬质合金锯片	片	37.7
9	嵌缝膏	kg	5.13
10	防污剂	kg	24
11	塑料薄膜	m^2	0.35
12	C15 预拌混凝土	m^3	436.9
13	C15 预拌豆石混凝土	m^3	456.3
14	B 型复合轻集料	m^3	533.98
15	抹灰砂浆　DP-HR	m^3	525.9
16	DS 砂浆	m^3	466
17	胶粘剂　DTA 砂浆	m^3	1 795.6
三	机械类别		
1	蛙式打夯机	台班	7.55
2	混凝土搅拌机 500L	台班	14.83
3	电动夯实机 20 ～ 2kg/m	台班	13.76

（二）措施项目费

本项目暂不计算措施项目费，在项目 7 的“项目实训”中单独计算。

（三）其他项目费

无其他项目费。

（四）相关费率和税率

（1）企业管理费费率采用北京市现行标准，执行“单层建筑、其他”类的费率，为 8.4%。

（2）利润费率采用北京市的利润费率标准，为 7%。

（3）社会保险费和住房公积金费率执行北京市现行的费率标准。社会保险费包括基本医疗保险基金、基本养老保险费、失业保险基金、工伤保险基金、残疾人就业保险金、生育保险六项，费率为 13.79%。住房公积金费率为 5.97%。

（4）税金执行现行的增值税税率标准，为 9%。

实训分析

1. 读图、识图

楼地面工程量计算的主要依据是建筑平面图、大样图和内装修做法表，要完成本实训，就要读懂建筑平面图、大样图和内装修做法表，由本工程的建筑平面图、大样图知道涉及楼地面工程的分项工程主要是地面和踢脚。

2. 清单工程量计算分析

（1）餐厅地面。

1）DS 干拌砂浆找平层按规范的规定应列入地面面层清单项目内。

2）混凝土垫层应按《房屋建筑与装饰工程工程量计算规范》（GB 50854-2013）附录 E 的混凝土垫层项目编码列项。

3）素土夯实因无独立的清单项目，可以列入混凝土垫层清单项目内。

（2）餐厅踢脚。

1）踢脚抹灰因无独立的清单项目，可以列入踢脚清单项目内。

2）应减去门所占的长度（或面积）。

3）计算餐厅内墙面周长时，可以采用移动轴线拼成矩形的方法。

（3）卫生间和操作室地面。

1）DS 干拌砂浆找平层按规范的规定应列入地面面层清单项目内。

2）混凝土垫层应按《房屋建筑与装饰工程工程量计算规范》（GB 50854-2013）附录 E 的混凝土垫层项目编码列项。

3）混凝土垫层应分为细石混凝土和普通混凝土两个清单项目。

4）素土夯实因无独立的清单项目，可以列入普通混凝土垫层清单项目内。

（4）台阶。

1）台阶水平投影面积不包括台阶牵边。

2）台阶牵边和侧面镶贴块料面层应按《房屋建筑与装饰工程工程量计算规范》（GB 50854-2013）附录 L 的“L.8 零星装饰项目”执行。

3）台阶的垫层工程量应按斜面计算。

4）素土夯实因无独立的清单项目，可以列入垫层清单项目内。

（5）屋面（不包括防水层、保温层）。

屋面平面砂浆找平层是防水层的找平层，属于仅做找平层的平面抹灰，应单独编制清单项目。

3. 清单计价分析

（1）当工程项目与定额中的材料不同时，采取抽换的方式对定额中的材料进行更换。

以北京市 2012 年的《房屋建筑与装饰工程预算定额》为例，本实训的餐厅地面为花岗石，而石材地面定额中为大理石，因此需要将大理石更换为花岗石。

（2）人工、材料、机械单价、分部分项工程费、社会保险费和住房公积金、税金等相关内容与项目 1 的“实训分析”相同，此处不再赘述。

实训内容

一、编制工程量清单

步骤 1 计算餐厅地面和踢脚清单工程量。

1. 计算餐厅地面清单工程量

可以将本实训的餐厅地面划分为三个矩形：（A–C）轴 ×（1–2）轴、（A–C）轴 ×（2–3）轴、（A–B）轴 ×（3–4）轴。

（1）计算（A–C）轴 ×（1–2）轴的矩形面积：

$$(4.2-0.12-0.24)\times(3.8+1.8-0.12-0.06)=20.81\ (\text{m}^2)$$

（2）计算（A–C）轴 ×（2–3）轴的矩形面积：

$$(4.2-0.12+0.24)\times(3.8+1.8-0.12\times2)=23.16\ (\text{m}^2)$$

（3）计算（A–B）轴 ×（3–4）轴的矩形面积：

$$(4.2+0.12-0.18)\times(3.8-0.12\times2)=14.74\ (\text{m}^2)$$

因此，餐厅地面面积为：

$$20.81+23.16+14.74=58.71\ (\text{m}^2)$$

（4）计算餐厅地面清单工程量。

1）磨光花岗石板面层清单工程量为 58.71m^2。

2）混凝土垫层清单工程量为：

$$58.71\times0.1=5.87\ (\text{m}^3)$$

2. 计算餐厅踢脚清单工程量

餐厅内墙面的周长为：

$$(4.2\times3-0.12-0.18)\times2+(3.8+1.8-0.12\times2)\times2+0.06\times2=35.44\ (\text{m})$$

门所占的长度为：

$$1.96\times2+1.2+1.5=6.62\ (\text{m})$$

因此，餐厅踢脚清单工程量为：

$35.44-6.62=28.82$（m）

步骤 2 计算卫生间和操作室地面清单工程量。

1. 计算卫生间地面的面积

$(4.2-0.12-0.24)\times(2-0.12-0.18)=6.53$（$m^2$）

2. 计算操作室地面的面积

4 轴的内墙面不在同一个立面上，且偏差 60mm，因此将操作室地面划分为两个矩形：（A–B）轴 ×（4–5）轴；（B–C）轴 ×（4–5）轴。

（1）计算（A–B）轴 ×（4–5）轴的矩形面积：

$(4.2-0.06-0.12)\times(3.8-0.12\times2)=14.31$（$m^2$）

（2）计算（B–C）轴 ×（4–5）轴的矩形面积：

$(4.2-0.12\times2)\times1.8=7.13$（$m^2$）

因此，操作室地面的面积为：

$14.31+7.13=21.44$（m^2）

3. 计算卫生间和操作室地面清单工程量

（1）地砖面层清单工程量为：

$6.53+21.44=27.97$（m^2）

（2）计算混凝土垫层清单工作量。

1）细石混凝土垫层平均厚度为 50mm，因此其清单工程量为：

$27.97\times0.05=1.4$（m^3）

2）普通混凝土垫层清单工程量为：

$27.97\times0.06=1.68$（m^3）

步骤 3 计算台阶清单工程量。

1. 计算台阶石材面层清单工程量

$(6.72+0.3\times4)\times(0.3\times2+0.3)=7.13$（$m^2$）

2. 计算 3 : 7 灰土垫层清单工程量

（1）计算垫层斜面积：

$(6.72+0.3\times4)\times\sqrt{(0.3\times3)^2+(0.13\times3)^2}=7.77$（$m^2$）

（2）计算垫层清单工程量：

$7.77\times0.5=3.89$（m^3）

步骤 4 计算屋面（不包括防水层、保温层）清单工程量。

1. 计算屋面水平面积

由屋面平面图可知，可以先将本实训的屋面平面划分为两个矩形：（A–C）轴 ×（1–5）

轴、(C–D) 轴 ×（1–2）轴，然后再减去矩形：(B–C) 轴 ×（3–4）轴。

（1）计算（A–C）轴 ×（1–5）轴的矩形面积：

$16.8 \times 5.6 = 94.08$（m^2）

（2）计算（C–D）轴 ×（1–2）轴的矩形面积：

$2 \times (4.2 - 0.12) = 8.16$（$m^2$）

说明：2 轴有 120mm 厚的墙划分在本矩形内。

（3）计算（B–C）轴 ×（3–4）轴的矩形面积：

$1.8 \times 4.2 = 7.56$（m^2）

说明：将 3 轴、4 轴、B 轴的 240mm 厚墙划分在本矩形内。

因此，本实训的屋面面积为：

$94.08 + 8.16 - 7.56 = 94.68$（$m^2$）

2. 计算屋面清单工程量

（1）地砖面层清单工程量为 94.68m^2。

（2）屋面平面砂浆找平层为 94.68m^2。

（3）B 型复合轻集料垫层平均厚度为 80mm，因此其清单工程量为：

$94.68 \times 0.08 = 7.57$（m^3）

步骤 5 编制工程量清单。

本实训中的餐厅地面、卫生间和操作室地面的混凝土垫层（不包括细石混凝土垫层）合并为一个混凝土垫层清单项目，因此混凝土垫层清单工程量为：$5.87 + 1.68 = 7.55$（m^3）。

工程量清单编制结果见表 4–7。

表 4–7 工程量清单

序号	项目编码	项目名称	项目特征	计量单位	工程量
1	011101006001	屋面平面砂浆找平层	找平层厚度、砂浆配合比： 15 厚 DS 砂浆	m^2	94.68
2	011102001001	餐厅花岗石地面	1. 找平层厚度、砂浆配合比： 20mm、DS 干拌砂浆 2. 结合层厚度、砂浆配合比： 10mm、DTA 干拌砂浆 3. 面层材料品种、规格、颜色： 20 厚米黄色磨光花岗石、800mm × 800mm 4. 嵌缝材料种类：DTG 干拌砂浆 5. 防护层材料：防污剂	m^2	58.71

续表

序号	项目编码	项目名称	项目特征	计量单位	工程量
3	011102003001	卫生间和操作间地砖地面	1. 找平层厚度、砂浆配合比： 20mm、DS 干拌砂浆 2. 结合层厚度、砂浆配合比： 5mm、DTA 干拌砂浆 3. 面层材料品种、规格、颜色： 8 厚白色防滑地砖、300mm × 300mm 4. 嵌缝材料种类：DTG 干拌砂浆	m^2	27.97
4	011102003002	屋面地砖面	1. 结合层厚度、砂浆配合比： 5mm、DTA 干拌砂浆 2. 面层材料品种、规格、颜色： 8 厚彩色釉面防滑地砖、600mm × 600mm 3. 嵌缝材料种类：DTG 干拌砂浆	m^2	94.68
5	011105002001	餐厅石材踢脚线	1. 踢脚线高度：150mm 2. 粘贴层厚度、材料种类： DTA 干拌砂浆 3. 面层材料品种、规格、颜色： 10 厚黑色磨光花岗石板 4. 防护材料种类：防污剂 5. 底层厚度、砂浆配合比： 9 厚 DP-HR 砂浆 6. 面层厚度、砂浆配合比： 6 厚 DP-HR 砂浆	m	28.82
6	011107001001	石材台阶面	1. 找平层厚度、砂浆配合比： 25 厚干拌砂浆 DS 2. 黏结材料种类：DTA 干拌砂浆 3. 面层材料品种、规格、颜色： 30 厚开凹槽芝麻白花岗石板 4. 勾缝材料种类：DTG 干拌砂浆 5. 防护材料种类：防污剂	m^2	7.13
7	010501001001	混凝土垫层	1. 混凝土种类：普通混凝土 2. 强度等级：C15 3. 素土夯实	m^3	7.55
8	010501001002	细石混凝土垫层	1. 混凝土种类：细石混凝土 2. 强度等级：C15	m^3	1.4
9	010501001003	B 型复合轻集料垫层	混凝土种类：50 厚 B 型复合轻集料垫层	m^3	7.57
10	010404001001	台阶灰土垫层	1. 垫层材料种类、配合比、厚度： 500 厚 3∶7 灰土垫层 2. 素土夯实	m^3	3.89

二、编制工程量清单计价

步骤 1 选择定额子目并调整单价。

1. 选择定额子目

以北京市 2012 年的《房屋建筑与装饰工程预算定额》为例，选择餐厅花岗石地面（011102001001）、卫生间和操作间地砖地面（011102003001）两个清单项目的定额子目如下：

（1）餐厅花岗石地面（011102001001）包含的定额子目：楼地面找平层 DS 砂浆 平面 厚度 20mm 硬基层上（11-31）、楼地面镶贴 石材 每块面积 0.25m^2 以外（11-39）、楼地面防护层 刷防污剂（11-49）。

（2）卫生间和操作间地砖地面（011102003001）包含的定额子目：楼地面找平层 DS 砂浆 平面 厚度 20mm 硬基层上（11-31）、楼地面镶贴块料 每块面积 0.16m^2 以内（11-43）。

2. 调整定额子目单价

采用人工、材料、机械的信息价或市场价将定额子目单价调整为当前的价格，消耗量采用国家或省级、行业建设主管部门发布的定额子目的消耗量。以上所选的定额子目单价调整结果见表 4-8。

表 4-8 定额子目单价

序号	定额编号	名称	单位	定额消耗量	不含税单价	合价（元）
一	11-31	楼地面找平层 DS 砂浆 平面 厚度 20mm 硬基层上	m^2			
(一)		人工				
1		综合工日（870003）	工日	0.068	124	8.43
(二)		材料				
1		DS 砂浆	m^3	0.020 2	466	9.41
2		其他材料费	元			0.14
(三)		机械				
1		其他机具费	元			0.28
小计						18.26
二	11-39	楼地面镶贴 石材 每块面积 0.25m^2 以外	m^2			
(一)		人工				
1		综合工日（870004）	工日	0.339	124	42.04
(二)		材料				

续表

序号	定额编号	名称	单位	定额消耗量	不含税单价	合价（元）
1		花岗石板　0.25m² 以外	m²	1.02	215.9	220.22
2		硬质合金锯片	片	0.004	37.7	0.15
3		胶粘剂　DTA 砂浆	m³	0.010 2	1 795.6	18.32
4		其他材料费	元			8.7
（三）		机械				
1		其他机具费	元			1.8
		小计				291.23
三	11-49	楼地面防护层　刷防污剂	m²			
（一）		人工				
1		综合工日（870003）	工日	0.055	124	6.82
（二）		材料				
1		防污剂	kg	0.037 5	24	0.9
2		其他材料费	元			0.02
（三）		机械				
1		其他机具费	元			0.19
		小计				7.93
四	11-43	楼地面镶贴块料　每块面积 0.16m² 以内	m²			
（一）		人工				
1		综合工日（870004）	工日	0.241	124	29.88
（二）		材料				
1		地面砖　0.16m² 以内	m²	1.02	77.45	79
2		硬质合金锯片	片	0.003	37.7	0.11
3		胶粘剂　DTA 砂浆	m³	0.005 1	1 795.6	9.16
4		其他材料费	元			6.47
（三）		机械				
1		其他机具费	元			1.35
		小计				125.97

步骤 2　计算直接工程费。

定额工程量的计算（计算过程略）以北京市 2012 年的《房屋建筑与装饰工程预算定额》中工程量的计算规则为例，直接工程费的计算结果见表 4-9。

表 4-9　直接工程费

序号	清单编码 / 定额编号	名称	工程量		价值（元）		其中：人工费（元）	
			单位	数量	单价	合价	单价	合价
一	011101006001	屋面平面砂浆找平层	m^2	94.68				
1	11-34 换	楼地面找平层　DS 砂浆　坡面　厚度 20mm 硬基层上	m^2	94.68	30.13	2 852.71	10.29	974.26
2	（11-36）×（-1）	楼地面找平层　DS 砂浆　坡面　每增减 5mm	m^2	94.68	-5.08	-480.97	-2.58	-244.27
二	011102001001	餐厅花岗石地面	m^2	58.71				
1	11-39 换	楼地面镶贴　石材　每块面积 0.25m^2 以外	m^2	58.71	291.23	17 098.11	42.04	2 468.17
2	11-31	楼地面找平层　DS 砂浆　平面　厚度 20mm 硬基层上	m^2	58.71	18.26	1 072.04	8.43	494.93
3	11-49	楼地面防护层　刷防污剂	m^2	58.71	7.93	465.57	6.82	400.4
三	011102003001	卫生间和操作间地砖地面	m^2	27.97				
1	11-31	楼地面找平层　DS 砂浆　平面　厚度 20mm 硬基层上	m^2	27.97	18.26	510.73	8.43	235.79
2	11-43	楼地面镶贴块料　每块面积 0.16m^2 以内	m^2	27.97	125.97	3 523.38	29.88	835.74
四	011102003002	屋面地砖面	m^2	94.68				
1	11-44	楼地面镶贴　块料　每块面积 0.16m^2 以外	m^2	94.68	147.21	13 937.84	36.7	3 474.76
五	011105002001	餐厅石材踢脚线	m	28.82				
1	11-77 换	踢脚线　DP 砂浆　换为【抹灰砂浆 DP-HR】	m	28.82	6.91	199.15	5.58	160.82
2	11-78 换	踢脚线　石材　换为【花岗石踢脚板】	m	28.82	64.27	1 852.26	7.44	214.42
六	011107001001	石材台阶面	m^2	7.13				
1	11-98	台阶　DS 砂浆	m^2	7.13	60.35	430.3	43.77	312.08
2	11-101 换	台阶　石材　换为【花岗岩石厚 30mm】	m^2	7.13	315.47	2 249.3	59.4	423.52
七	010501001001	混凝土垫层	m^3	7.55				

续表

序号	清单编码 / 定额编号	名称	工程量		价值（元）		其中：人工费（元）	
			单位	数量	单价	合价	单价	合价
1	5-151 换	楼地面垫层　混凝土　换为【C15 预拌混凝土】	m^3	7.55	484.05	3 654.58	36.48	275.42
2	1-4	原土打夯	m^2	86.67	1.8	156.01	1.71	148.21
八	010501001002	细石混凝土垫层	m^3	1.4				
1	5-152 换	楼地面垫层　细石混凝土　换为【C15 预拌豆石混凝土】	m^3	1.4	503.87	705.42	36.48	51.07
九	010501001003	B 型复合轻集料垫层	m^3	7.57				
1	5-153 换	楼地面垫层　陶粒混凝土　换为【B 型复合轻集料】	m^3	7.57	591.08	4 474.48	44.9	339.89
十	010404001001	台阶灰土垫层	m^3	3.89				
1	4-72	垫层　3∶7 灰土	m^3	3.89	95.17	370.21	46.31	180.15
2	1-4	原土打夯	m^2	7.77	1.8	13.99	1.71	13.29
合计						53 085.11		10 758.65

步骤 3　计算综合单价。

每个清单项目的直接工程费均为其项下所有定额子目合价之和，如：餐厅花岗石地面（011102001001）的直接工程费为“楼地面镶贴 石材 每块面积 0.25m² 以外（11-39）”等 3 个定额子目的合价之和。

综合单价的计算结果见表 4-10。

表 4-10　综合单价

序号	清单编码	费用项目	计算基础	计算基数	计算费率	金额（元）
一	011101006001	屋面平面砂浆找平层				
1		直接工程费				2 371.74
2		企业管理费	直接工程费	2 371.74	8.40%	199.23
3		利润	直接工程费＋企业管理费	2 570.97	7.00%	179.97

续表

序号	清单编码	费用项目	计算基础	计算基数	计算费率	金额（元）
4		风险费（适用于投标报价）				0
5		分部分项工程费	直接工程费+企业管理费+利润+风险费			2 750.94
6		综合单价=项目 5÷清单工程量	分部分项工程费			29.06
二	011102001001	餐厅花岗石地面				
1		直接工程费				18 635.72
2		企业管理费	直接工程费	18 635.72	8.40%	1 565.4
3		利润	直接工程费+企业管理费	20 201.12	7.00%	1 414.08
4		风险费（适用于投标报价）				0
5		分部分项工程费	直接工程费+企业管理费+利润+风险费			21 615.2
6		综合单价=项目 5÷清单工程量	分部分项工程费			368.17
三	011102003001	卫生间和操作间地砖地面				
1		直接工程费				4 034.11
2		企业管理费	直接工程费	4 034.11	8.40%	338.87
3		利润	直接工程费+企业管理费	4 372.98	7.00%	306.11
4		风险费（适用于投标报价）				0
5		分部分项工程费	直接工程费+企业管理费+利润+风险费			4 679.09
6		综合单价=项目 5÷清单工程量	分部分项工程费			167.29
四	011102003002	屋面地砖面				
1		直接工程费				13 937.84
2		企业管理费	直接工程费	13 937.84	8.40%	1 170.78

续表

序号	清单编码	费用项目	计算基础	计算基数	计算费率	金额（元）
3		利润	直接工程费+企业管理费	15 108.62	7.00%	1 057.6
4		风险费（适用于投标报价）				0
5		分部分项工程费	直接工程费+企业管理费+利润+风险费			16 166.22
6		综合单价=项目5÷清单工程量	分部分项工程费			170.75
五	011105002001	餐厅石材踢脚线				
1		直接工程费				2 051.41
2		企业管理费	直接工程费	2 051.41	8.40%	172.32
3		利润	直接工程费+企业管理费	2 223.73	7.00%	155.66
4		风险费（适用于投标报价）				0
5		分部分项工程费	直接工程费+企业管理费+利润+风险费			2 379.39
6		综合单价=项目5÷清单工程量	分部分项工程费			82.56
六	011107001001	石材台阶面				
1		直接工程费				2 679.6
2		企业管理费	直接工程费	2 679.6	8.40%	225.09
3		利润	直接工程费+企业管理费	2 904.69	7.00%	203.33
4		风险费（适用于投标报价）				0
5		分部分项工程费	直接工程费+企业管理费+利润+风险费			3 108.02
6		综合单价=项目5÷清单工程量	分部分项工程费			435.91
七	010501001001	混凝土垫层				
1		直接工程费				3 810.59

续表

序号	清单编码	费用项目	计算基础	计算基数	计算费率	金额（元）
2		企业管理费	直接工程费	3 810.59	8.40%	320.09
3		利润	直接工程费＋企业管理费	4 130.68	7.00%	289.15
4		风险费（适用于投标报价）				0
5		分部分项工程费	直接工程费＋企业管理费＋利润＋风险费			4 419.83
6		综合单价＝项目 5÷清单工程量	分部分项工程费			585.41
八	010501001002	细石混凝土垫层				
1		直接工程费				705.42
2		企业管理费	直接工程费	705.42	8.40%	59.26
3		利润	直接工程费＋企业管理费	764.68	7.00%	53.53
4		风险费（适用于投标报价）				0
5		分部分项工程费	直接工程费＋企业管理费＋利润＋风险费			818.21
6		综合单价＝项目 5÷清单工程量	分部分项工程费			584.44
九	010501001003	B 型复合轻集料垫层				
1		直接工程费				4 474.48
2		企业管理费	直接工程费	4 474.48	8.40%	375.86
3		利润	直接工程费＋企业管理费	4 850.34	7.00%	339.52
4		风险费（适用于投标报价）				0
5		分部分项工程费	直接工程费＋企业管理费＋利润＋风险费			5 189.86
6		综合单价＝项目 5÷清单工程量	分部分项工程费			685.58

续表

序号	清单编码	费用项目	计算基础	计算基数	计算费率	金额（元）
十	010404001001	台阶灰土垫层				
1		直接工程费				384.2
2		企业管理费	直接工程费	384.2	8.40%	32.27
3		利润	直接工程费+企业管理费	416.47	7.00%	29.15
4		风险费（适用于投标报价）				0
5		分部分项工程费	直接工程费+企业管理费+利润+风险费			445.62
6		综合单价=项目5÷清单工程量	分部分项工程费			114.56
合计						61 572.38

步骤4 计算分部分项工程费。

分部分项工程费的计算结果见表4–11。

表4–11　分部分项工程费

序号	项目编码	项目名称	项目特征描述	计量单位	工程量	金额（元）		
						综合单价	合价	其中 暂估价
1	011101006001	屋面平面砂浆找平层	找平层厚度、砂浆配合比：15厚DS砂浆	m^2	94.68	29.06	2 751.4	0
2	011102001001	餐厅花岗石地面	1. 找平层厚度、砂浆配合比：20mm、DS干拌砂浆 2. 结合层厚度、砂浆配合比：10mm、DTA干拌砂浆 3. 面层材料品种、规格、颜色： 20厚米黄色磨光花岗石、800mm×800mm 4. 嵌缝材料种类：DTG干拌砂浆 5. 防护层材料：防污剂	m^2	58.71	368.17	21 615.26	0

续表

序号	项目编码	项目名称	项目特征描述	计量单位	工程量	金额（元）		
						综合单价	合价	其中 暂估价
3	011102003001	卫生间和操作间 地砖地面	1. 找平层厚度、砂浆配合比：20mm、DS 干拌砂浆 2. 结合层厚度、砂浆配合比：5mm、DTA 干拌砂浆 3. 面层材料品种、规格、颜色： 8 厚白色防滑地砖、300mm × 300mm 4. 嵌缝材料种类：DTG 干拌砂浆	m^2	27.97	167.29	4 679.1	0
4	011102003002	屋面地砖面	1. 结合层厚度、砂浆配合比：5mm、DTA 干拌砂浆 2. 面层材料品种、规格、颜色： 8 厚彩色釉面防滑地砖、600mm × 600mm 3. 嵌缝材料种类：DTG 干拌砂浆	m^2	94.68	170.75	16 166.61	0
5	011105002001	餐厅石材踢脚线	1. 踢脚线高度：150mm 2. 粘贴层厚度、材料种类：DTA 干拌砂浆 3. 面层材料品种、规格、颜色： 10 厚黑色磨光花岗石板 4. 防护材料种类：防污剂 5. 底层厚度、砂浆配合比：9 厚 DP-HR 砂浆 6. 面层厚度、砂浆配合比：6 厚 DP-HR 砂浆	m	28.82	82.56	2 379.38	0
6	011107001001	石材台阶面	1. 找平层厚度、砂浆配合比：25 厚干拌砂浆 DS 2. 黏结材料种类：DTA 干拌砂浆 3. 面层材料品种、规格、颜色： 30 厚开凹槽芝麻白花岗石板 4. 勾缝材料种类：DTG 干拌砂浆 5. 防护材料种类：防污剂	m^2	7.13	435.91	3 108.04	0

续表

序号	项目编码	项目名称	项目特征描述	计量单位	工程量	金额（元）		
						综合单价	合价	其中
								暂估价
7	010501001001	混凝土垫层	1. 混凝土种类：普通混凝土 2. 强度等级：C15 3. 素土夯实	m^3	7.55	585.41	4 419.85	0
8	010501001002	细石混凝土垫层	1. 混凝土种类：细石混凝土 2. 强度等级：C15	m^3	1.4	584.44	818.22	0
9	010501001003	B 型复合轻集料垫层	混凝土种类：50 厚 B 型复合轻集料垫层	m^3	7.57	685.58	5 189.84	0
10	010404001001	台阶灰土垫层	1. 垫层材料种类、配合比、厚度：500 厚 3 : 7 灰土垫层 2. 素土夯实	m^3	3.89	114.56	445.64	0
分部分项工程费小计							61 573.34	0

步骤 5 计算规费、税金。

规费、税金的计算结果见表 4-12。

表 4-12 规费、税金

序号	项目名称	计算基础	计算基数	计算费率	金额（元）
1	规费				2 125.91
1.1	社会保险费	（分部分项工程费 + 措施项目费 + 其他项目费）中的人工费	10 758.65	13.79%	1 483.62
1.2	住房公积金	（分部分项工程费 + 措施项目费 + 其他项目费）中的人工费	10 758.65	5.97%	642.29
2	税金	分部分项工程费 + 措施项目费 + 其他项目费 + 规费	63 699.25	9.00%	5 732.93
合计					7 858.84

步骤 6 计算总价。

总价的计算结果见表 4-13。

表 4-13 总价

序号	汇总内容	金额（元）	其中：暂估价（元）
1	分部分项工程	61 573.34	0
1.1	楼地面工程	61 573.34	0
2	措施项目	0	0

续表

序号	汇总内容	金额（元）	其中：暂估价（元）
2.1	其中：安全文明施工费	0	0
3	其他项目	0	0
3.1	其中：暂列金额	0	0
3.2	其中：专业工程暂估价	0	0
3.3	其中：计日工	0	0
3.4	其中：总承包服务费	0	0
4	规费	2 125.91	0
5	税金	5 732.93	0
合计 =1+2+3+4+5		69 432.18	0

技能检测

一、单选题

1. 根据《房屋建筑与装饰工程工程量计算规范》（GB 50854-2013）的规定，石材踢脚线工程量应（　　）。（2018 年注册造价工程师考试题）

A. 不予计算　　B. 并入地面面层工程量

C. 按设计图示尺寸以长度计算　　D. 按设计图示长度乘以高度以面积计算

2. 根据《房屋建筑与装饰工程工程量计算规范》（GB 50854-2013）的规定，下列关于楼梯面层装饰工程量计算的说法中，正确的是（　　）。

A. 按设计图示尺寸以楼梯（不含楼梯井）水平投影面积计算

B. 按设计图示尺寸以楼梯梯段斜面积计算

C. 当楼梯与楼地面连接时，算至梯口梁外侧边沿

D. 无梯口梁者，算至最上一层踏步边沿加 300mm

二、多选题

1. 根据《房屋建筑与装饰工程工程量计算规范》（GB 50854-2013）的规定，下列关于装饰工程量计算的说法中，正确的有（　　）。（2016 年注册造价工程师考试题）

A. 自流坪地面按图示尺寸以面积计算

B. 整体面层按设计图示尺寸以面积计算

C. 块料踢脚线可按延长米计算

D. 石材台阶面装饰按设计图示以台阶最上踏步外沿水平投影面积计算

E. 塑料板楼地面按设计图示尺寸以面积计算

2. 根据《房屋建筑与装饰工程工程量计算规范》(GB 50854-2013)的规定，下列关于楼地面装饰工程量计算的说法中，正确的有(　　)。(2018 年注册造价工程师考试题)

A. 现浇水磨石楼地面按设计图示尺寸以面积计算

B. 细石混凝土楼地面按设计图示尺寸以体积计算

C. 块料台阶面按设计图示尺寸以展开面积计算

D. 金属踢脚线按延长米计算

E. 石材楼地面按设计图示尺寸以面积计算

项目5 墙、柱面装饰工程工程量清单与计价

项目导读

墙、柱面装饰工程工程量清单包括墙、柱面抹灰、块料面层、幕墙、隔断等。

通过学习《房屋建筑与装饰工程工程量计算规范》（GB 50854-2013）中墙、柱面装饰工程的相关内容，熟悉墙、柱面装饰工程工程量清单的相关编制内容，掌握墙、柱面装饰工程工程量清单的计算规则，了解定额工程量与清单工程量计算规则的区别，能够编制墙、柱面装饰工程的工程量清单。

依据《建设工程工程量清单计价规范》（GB 50500-2013），通过学习墙、柱面装饰工程工程量清单计价的编制，掌握工程量清单计价的编制流程、方法等。

项目重点

1. 定额工程量与清单工程量计算规则的区别。
2. 墙面块料面层工程量清单计价的编制。

思政目标

通过本项目的学习，认识到工程量清单与计价的作用和意义，加深对社会主义市场经济中价格机制的理解，努力成为具有社会责任感和社会参与意识的高素质技能人才。

任务

5.1 墙面抹灰

任务目标

- 熟悉墙面抹灰清单项目的内容。
- 掌握墙面抹灰清单工程量的计算规则。
- 能够编制墙面抹灰的工程量清单。
- 遵守工程量清单编制的相关法律法规、规范的要求。

5.1.1 本任务涉及的清单项目

本任务涉及的清单项目见表 5-1。

表 5-1　本任务涉及的清单项目

<table>
<tr><th>项目编码</th><th>项目名称</th><th>项目特征</th><th>计量单位</th><th>工程量计算规则</th><th>工作内容</th></tr>
<tr><td>011201001</td><td>墙面一般抹灰</td><td>1. 墙体类型
2. 底层厚度、砂浆配合比
3. 面层厚度、砂浆配合比
4. 装饰面材料种类
5. 分格缝宽度、材料种类</td><td rowspan="2">m^2</td><td rowspan="2">按设计图示尺寸以面积计算。扣除墙裙、门窗洞口及单个大于 $0.3m^2$ 的孔洞面积，不扣除踢脚线、挂镜线和墙与构件交接处的面积，门窗洞口和孔洞的侧壁及顶面不增加面积。附墙柱、梁、垛、烟囱侧壁并入相应的墙面面积内。
其他计算规则详见“5.1.2 计算规则”</td><td>1. 基层清理
2. 砂浆制作、运输
3. 底层抹灰
4. 抹面层
5. 抹装饰面
6. 勾分格缝</td></tr>
<tr><td>011201004</td><td>立面砂浆找平层</td><td>1. 基层类型
2. 找平层厚度、砂浆配合比</td><td>1. 基层清理
2. 砂浆制作、运输
3. 抹灰找平</td></tr>
</table>

5.1.2 计算规则

（1）墙面一般抹灰按设计图示尺寸以面积计算。

扣除：墙裙、门窗洞口及单个大于 $0.3m^2$ 的孔洞面积。

不扣除：踢脚线、挂镜线和墙与构件交接处的面积。

不增加：门窗洞口和孔洞的侧壁及顶面面积。

附墙柱、梁、垛、烟囱侧壁并入相应的墙面面积内。

（2）外墙抹灰面积按外墙垂直投影面积计算。

（3）外墙裙抹灰面积按其长度乘以高度计算。

（4）内墙抹灰面积按主墙间的净长乘以高度计算。

1）无墙裙的，高度按室内楼地面至天棚底面计算。

2）有墙裙的，高度按墙裙顶至天棚底面计算。

3）有吊顶天棚抹灰的，高度算至天棚底。

（5）内墙裙抹灰面按内墙净长乘以高度计算。

5.1.3 清单编制说明

（1）立面砂浆找平层项目适用于仅做找平层的立面抹灰。

（2）墙面抹石灰砂浆、水泥砂浆、混合砂浆、聚合物水泥砂浆、麻刀石灰浆、石膏灰浆等按墙面一般抹灰项目编码列项；墙面水刷石、斩假石、干粘石、假面砖等按墙面装饰抹灰项目编码列项。

（3）飘窗凸出外墙面增加的抹灰并入外墙工程量内。

（4）有吊顶天棚的内墙面抹灰，抹至吊顶以上的部分在综合单价中考虑。

任务 5.2 墙面块料面层

任务目标

- 熟悉墙面块料面层清单项目的内容。
- 掌握墙面块料面层清单工程量的计算规则。
- 能够编制墙面块料面层的工程量清单。
- 遵守工程量清单编制的相关法律法规、规范的要求。

5.2.1 本任务涉及的清单项目

本任务涉及的清单项目见表 5-2。

表 5-2　本任务涉及的清单项目

项目编码	项目名称	项目特征	计量单位	工程量计算规则	工作内容
011204003	块料墙面	1. 墙面类型 2. 安装方式 3. 面层材料品种、规格、颜色 4. 缝宽、嵌缝材料种类 5. 防护材料种类 6. 磨光、酸洗、打蜡要求	m^2	按镶贴表面积计算	1. 基层清理 2. 砂浆制作、运输 3. 黏结层铺贴 4. 面层安装 5. 嵌缝 6. 刷防护材料 7. 磨光、酸洗、打蜡

5.2.2 计算规则

块料墙面按镶贴表面积计算。

说明：按建筑平面图的图示尺寸计算墙体表面积。

5.2.3 清单编制说明

（1）在描述碎块项目的面层材料特征时，可不用描述规格、颜色。

（2）石材、块料与黏结材料的结合面刷防渗材料的种类在防护层材料种类中描述。

（3）安装方式可描述为砂浆或黏结剂粘贴、挂贴、干挂等，不论采用哪种安装方式，都要详细描述与组价相关的内容。

任务 5.3 墙面涂料

任务目标

- 熟悉墙面涂料面层清单项目的内容。
- 掌握墙面涂料面层清单工程量的计算规则。
- 能够编制墙面涂料面层的工程量清单。
- 遵守工程量清单编制的相关法律法规、规范的要求。

5.3.1 本任务涉及的清单项目

本任务涉及的清单项目见表 5-3。

表 5-3 本任务涉及的清单项目

项目编码	项目名称	项目特征	计量单位	工程量计算规则	工作内容
011407001	墙面喷刷涂料	1. 基层类型 2. 喷刷涂料部位 3. 泥子种类 4. 刮泥子要求 5. 涂料品种、喷刷遍数	m^2	按设计图示尺寸以面积计算	1. 基层清理 2. 刮泥子 3. 刷、喷涂料

5.3.2 计算规则

墙面喷刷涂料按设计图示尺寸以面积计算。

说明：按建筑平面图的图示尺寸计算墙体表面积。

5.3.3 清单编制说明

喷刷墙面涂料部位要注明内墙或外墙。

项目实训

实训主题

一、工程概况

某食堂为框架结构，施工图详见本书附录。

（一）女儿墙及外墙的墙面施工做法

（1）喷（或刷）灰色丙烯酸乳胶漆二遍。

（2）喷（或刷）抗碱封闭底漆一道。

（3）刮涂柔性耐水泥子二遍。

（4）9 厚 DP－MR 砂浆抹平。

（5）抹 5 厚 DBI 砂浆，内压入一层玻纤网格布。

（6）用 DEA 砂浆粘贴 60 厚钢丝憎水岩棉复合板。

（7）8 厚 DP－MR 砂浆找平。

（8）基层墙体墙面。

（二）餐厅内墙面涂料施工做法

（1）喷（或刷）白色丙烯酸乳胶漆二遍。

（2）喷（或刷）封底漆一道。

（3）满刮耐水泥子二遍找平。

（4）2 厚 DP－HR 砂浆罩面。

（5）10 厚 DP－HR 砂浆打底。

（三）卫生间和操作室内墙面涂料施工做法（详见通用图集华北标 12BJ1-1 工程做法第 C17 页内墙 9A）

（1）DTG 砂浆勾缝。

（2）粘贴 5 厚白色墙砖（300mm × 300mm）。

（3）5 厚 DTA 砂浆黏结层。

（4）9 厚 DP－LR 砂浆打底压实抹平。

试编制该食堂女儿墙和外墙的墙面（不包括保温层），餐厅、卫生间和操作室内墙面的工程量清单与计价。

二、清单计价编制说明

（一）编制依据

（1）定额采用北京市 2012 年的《房屋建筑与装饰工程预算定额》。

（2）人工、材料、机械单价采用 2020 年 12 月的《北京工程造价信息》（以下简称信息价），没有信息价的采用市场价格（以下简称市场价），人工、材料、机械单价详见表 5-4。

表 5-4　人工、材料、机械单价

序号	名称及规格	单位	不含增值税的市场价（元）
一	人工类别		
1	综合工日（870003）	工日	124
2	综合工日（870004）	工日	124
二	材料类别		
1	薄型釉面砖（5mm ～ 6mm）	m^2	65.49
2	水性封底漆（普通）	kg	16.05
3	弹性泥子（粉状）	kg	0.72
4	耐水泥子（粉）	kg	1.77

续表

序号	名称及规格	单位	不含增值税的市场价（元）
5	油性涂料配套稀释剂	kg	27.97
6	丙烯酸弹性高级涂料	kg	20.51
7	抗碱封闭底漆	kg	20.51
8	石料切割机片	片	7.2
9	嵌缝剂　DTG 砂浆	m^3	3 659.6
10	抹灰砂浆　DP-HR	m^3	525.9
11	抹灰砂浆　DP-MR	m^3	491.4
12	抹灰砂浆　DP-LR	m^3	508.6
13	胶粘剂　DTA 砂浆	m^3	1 795.6

（二）措施项目费

本项目暂不计算措施项目费，在项目 7 的“项目实训”中单独计算。

（三）其他项目费

无其他项目费。

（四）相关费率和税率

（1）企业管理费费率采用北京市现行标准，执行“单层建筑、其他”类的费率，为 8.4%。

（2）利润费率采用北京市的利润费率标准，为 7%。

（3）社会保险费和住房公积金费率执行北京市现行的费率标准。社会保险费包括基本医疗保险基金、基本养老保险费、失业保险基金、工伤保险基金、残疾人就业保险金、生育保险六项，费率为 13.79%。住房公积金费率为 5.97%。

（4）税金执行现行的增值税税率标准，为 9%。

实训分析

1. 读图、识图

墙、柱面工程量计算的主要依据是建筑平面图、立面图、大样图和内装修做法表，要完成本实训，就要读懂建筑平面图、立面图、大样图和内装修做法表，由本工程的建筑平面图、立面图、大样图知道涉及墙面工程的分项工程主要是外墙面抹灰和涂料，内墙面抹灰、涂料和墙面砖。

2. 清单工程量计算分析

（1）外墙面（不包括保温层）。

1）外墙面立面砂浆找平层是保温层的找平层，因此属于仅做找平层的立面抹灰，应单独编制清单项目。

2）外墙面立面砂浆找平层工程量。根据项目6的实训主题中“外墙面与台阶、散水的接触面均需保温”，外墙面立面砂浆找平层工程量应包括外墙面与台阶、散水的接触面积。

3）外墙面抹灰及涂料的工程量应扣除外墙面与台阶、散水的接触面积。

（2）餐厅内墙面。

1）因为在不扣除门所占长度时踢脚线长度与内墙面长度一致，所以可利用项目7中的踢脚线长度。

2）计算抹灰面积时不扣除踢脚线高度，计算涂料面积时应扣除踢脚线高度。

3）计算抹灰面积时应扣除内墙面的门窗所占面积，计算涂料面积时应扣除内墙面踢脚以上的门窗所占面积。

（3）卫生间和操作室内墙面。

操作室4轴的内墙面不在同一个立面上，且偏差60mm。

3. 清单计价分析

（1）当工程项目与定额中的材料不同时，采取抽换的方式对定额中的材料进行更换。

以北京市2012年的《房屋建筑与装饰工程预算定额》为例，本实训的外墙和内墙的墙面抹灰砂浆规格，部分与定额中不同，因此需要对砂浆进行更换。

（2）人工、材料、机械单价、分部分项工程费、社会保险费和住房公积金、税金等相关内容与项目1的“实训分析”相同，此处不再赘述。

实训内容

一、编制工程量清单

步骤1 计算外墙和女儿墙的墙面（不包括保温层）清单工程量。

1. 计算外墙面的面积

根据本实训的建筑平面图、南立面图及外墙大样图计算以下项目。

（1）外墙的外边线长：

$$[(16.8+0.24\times2)+(7.6+0.24\times2)]\times2+1.8\times2=54.32\ (\mathrm{m})$$

（2）外墙高：

$$4.1-(-0.4)=4.5\ (\mathrm{m})$$

（3）外墙面积：

$54.32\times4.5=244.44$（m²）

（4）台阶所占面积：

（$6.72+0.3\times4$）$\times0.39=3.09$（m²）

（5）散水所占面积：

1）散水中心线长度：

（$16.8+0.24\times2+0.3\times2$）$\times2+$（$7.6+0.24\times2+0.3\times2$）$\times2+1.8\times2-$（$6.72+0.3\times4$）$=48.8$（m）

2）散水与外墙接触面的厚度。散水的施工做法详见项目 2 的实训主题，散水与外墙接触面的厚度为：

（$0.15+0.06$）$+0.6\times4\%=0.23$（m）

3）散水与外墙的接触面积：

$48.8\times0.23=11.22$（m²）

（6）外墙净面积（包括与台阶、散水的接触面积）。外墙上的门窗洞口面积计算过程详见项目 3 的实训主题：外墙上的门 PM1 洞口面积为 7.84m²，窗洞口面积为 20.24m²。

因此，外墙上的门窗洞口面积小计：

$7.84+20.24=28.08$（m²）

外墙净面积为：

$S_{外墙}=244.44-28.08=216.36$（m²）

（7）外墙净面积（不包括与台阶、散水的接触面积）：

$S_{外墙}=244.44-28.08-3.09-11.22=202.05$（m²）

2. 计算女儿墙的外墙面积

根据本实训的屋面平面图及外墙大样图计算下列项目。

（1）女儿墙的外边线长：

$[(16.8+0.24\times2)+(7.6+0.24\times2)]\times2+1.8\times2=54.32$（m）

（2）女儿墙高：

$5-4.1-0.1=0.8$（m）

（3）女儿墙的外墙面积：

$S_{女儿墙外墙}=54.32\times0.8=43.46$（m²）

3. 计算外墙和女儿墙的墙面（不包括保温层）清单工程量

（1）外墙和女儿墙的立面砂浆找平层的清单工程量：

$216.36+43.46=259.82$（m²）

（2）外墙和女儿墙的墙面抹灰及涂料的清单工程量：

$202.05+43.46=245.51$（m²）

步骤2 计算餐厅墙面的清单工程量。

1. 计算餐厅墙面的长度

由本实训的建筑平面图可知，餐厅内墙面的周长为：

$(4.2\times3-0.12-0.18)\times2+(3.8+1.8-0.12\times2)\times2+0.06\times2=35.44$（m）

2. 计算餐厅墙面的高度

由本实训的建筑平面图、外墙大样图可知，餐厅吊顶的底标高为3.4m，因此内墙面的抹灰高度为3.4m，内墙面的涂料高度为：

3.4 − 0.15<踢脚线高度>= 3.25（m）

3. 计算餐厅墙面的门窗面积

餐厅墙面有2个门PM1、1个门PM2、1个门PM3、3个窗WPC，门窗洞口面积计算过程详见项目3的实训主题：门洞口面积为13.24m²。

窗洞口面积为：

$(1.96\times2)\times3=11.76$（m²）

餐厅墙面的门窗洞口面积为：

$13.24+11.76=25$（m²）

4. 计算餐厅墙面抹灰和涂料的清单工程量

（1）计算餐厅墙面抹灰的清单工程量：

$35.44\times3.4-25=95.5$（m²）

（2）计算餐厅墙面涂料的清单工程量：

计算踢脚线以下的门（2个门PM1、1个门PM2、1个门PM3）所占面积：

(1.96 × 2 + 1.2 + 1.5) × 0.15<踢脚线高度>= 0.99（m²）

因此，餐厅墙面涂料的清单工程量为：

$35.44\times3.25-25+0.99=91.17$（m²）

步骤3 计算卫生间和操作室墙面的清单工程量。

1. 计算卫生间和操作室墙面的长度

根据本实训的建筑平面图计算以下项目。

（1）卫生间内墙面的周长为：

$[(4.2-0.12-0.24)+(2-0.12-0.18)]\times2=11.08$（m）

（2）操作室内墙面的周长。4轴的内墙面不在同一个立面上，且偏差60mm，因此将操作室平面划分为两个矩形：(A–B）轴 ×（4–5）轴，(B–C）轴 ×（4–5）轴。

1）计算（A–B）轴 ×（4–5）轴的内墙面的长度：

$(4.2-0.06-0.12)+(3.8-0.12\times2)\times2+0.06=11.2$（m）

2）计算（B–C）轴 ×（4–5）轴的内墙面的长度：

$$(4.2-0.12\times2)+1.8\times2=7.56\ (\text{m})$$

操作室内墙面的周长为：

$$11.2+7.56=18.76\ (\text{m})$$

2. 计算卫生间和操作室墙面的高度

由本实训的建筑平面图、外墙大样图可知，卫生间和操作室墙面吊顶的底标高为 3.4m，因此内墙面的抹灰高度为 3.4m。

3. 计算卫生间和操作室墙面的门窗面积

卫生间和操作室墙面有 1 个门 PM2、1 个门 PM3、2 个窗 WPC、1 个窗 GC，门窗洞口面积计算过程详见项目 3 的实训主题：PM2 和 PM3 的门洞口面积为 5.4m^2。

窗洞口面积为：

$$(1.96\times2)\times2+0.8\times0.8=8.48\ (\text{m}^2)$$

卫生间和操作室墙面的门窗洞口面积小计：

$$5.4+8.48=13.88\ (\text{m}^2)$$

4. 计算卫生间和操作室墙面抹灰和面砖清单工程量

$$(11.08+18.76)\times3.4-13.88=87.58\ (\text{m}^2)$$

步骤 4 编制工程量清单。

工程量清单的编制结果见表 5–5。

表 5–5 工程量清单

序号	项目编码	项目名称	项目特征	计量单位	工程量
1	011201001001	女儿墙和外墙墙面一般抹灰	1. 墙体类型：非黏土砖 2. 底层厚度、砂浆配合比：9 厚 DP–MR 砂浆	m^2	245.51
2	011201001002	餐厅墙面一般抹灰	1. 墙体类型：非黏土砖 2. 底层厚度、砂浆配合比：10 厚 DP–HR 砂浆 3. 面层厚度、砂浆配合比：2 厚 DP–HR 砂浆	m^2	95.5
3	011201001003	卫生间和操作室墙面一般抹灰	1. 墙体类型：非黏土砖 2. 底层厚度、砂浆配合比：9 厚 DP–LR 砂浆	m^2	87.58
4	011201004001	外墙面立面砂浆找平层	1. 基层类型：非黏土砖 2. 找平层厚度、砂浆配合比：8 厚 DP–MR 砂浆找平	m^2	259.82

续表

序号	项目编码	项目名称	项目特征	计量单位	工程量
5	011407001001	外墙面喷刷涂料	1. 基层类型：外保温板抹面砂浆 2. 喷刷涂料部位：外墙 3. 泥子种类：耐水泥子 4. 刮泥子要求：满刮二遍 5. 涂料品种、喷刷遍数： 灰色丙烯酸乳胶漆、二遍	m^2	245.51
6	011407001002	餐厅墙面喷刷涂料	1. 基层类型：非黏土砖 2. 喷刷涂料部位：内墙 3. 泥子种类：耐水泥子 4. 刮泥子要求：满刮二遍 5. 涂料品种、喷刷遍数： 白色丙烯酸乳胶漆、二遍	m^2	91.17
7	011204003001	卫生间和操作室墙砖墙面	1. 墙体类型：非黏土砖 2. 安装方式：5 厚 DTA 砂浆粘贴 3. 面层材料品种、规格、颜色： 墙砖、300mm × 300mm、白色 4. 嵌缝材料种类：DTG 干拌砂浆	m^2	87.58

二、编制工程量清单计价

步骤 1 选择定额子目并调整单价。

1. 选择定额子目

以北京市 2012 年的《房屋建筑与装饰工程预算定额》为例，选择女儿墙和外墙墙面一般抹灰（011201001001）、餐厅墙面喷刷涂料（011407001002）两个清单项目的定额子目如下：

（1）女儿墙和外墙墙面一般抹灰（011201001001）包含的定额子目：底层抹灰（打底）DP 砂浆 5mm 干拌砂浆（12-12）、底层抹灰（打底）DP 砂浆 每增减 1mm 干拌砂浆（12-13）。

（2）餐厅墙面喷刷涂料（011407001002）包含的定额子目：满刮泥子 墙面 耐水泥子 水泥面（14 - 702）、内墙涂料 丙烯酸乳胶漆 二遍（14 - 745）。

2. 调整定额子目单价

采用人工、材料、机械的信息价或市场价将定额子目单价调整为当前的价格，消耗量采用国家或省级、行业建设主管部门发布的定额子目的消耗量。以上所选的定额子目单价调整结果见表 5-6。

表 5-6　定额子目单价

序号	定额编号	名称	单位	定额消耗量	不含税单价	合价（元）
一	12-12 换	底层抹灰（打底）DP 砂浆　5mm 干拌砂浆　换为【抹灰砂浆 DP-MR】	m^2			
(一)		人工				
1		综合工日（870003）	工日	0.064	124	7.94
(二)		材料				
1		DP-MR 砂浆	m^3	0.005 5	491.4	2.7
2		其他材料费	元			0.04
(三)		机械				
1		其他机具费	元			0.23
小计						10.91
二	12-13 换	底层抹灰（打底）DP 砂浆　每增减 1mm 干拌砂浆　换为【抹灰砂浆 DP-MR】	m^2			
(一)		人工				
1		综合工日（870003）	工日	0.003	124	0.37
(二)		材料				
1		DP-MR 砂浆	m^3	0.001 1	491.4	0.54
2		其他材料费	元			0.01
(三)		机械				
1		其他机具费	元			0.01
小计						0.93
三	14-702	满刮泥子　墙面　耐水泥子　水泥面	m^2			
(一)		人工				
1		综合工日（870003）	工日	0.065	124	8.06
(二)		材料				
1		耐水泥子（粉）	kg	1.425	1.77	2.52
2		其他材料费	元			0.19
(三)		机械				
1		其他机具费	元			0.23
小计						11
四	114-745	内墙涂料　丙烯酸乳胶漆　二遍	m^2			
(一)		人工				

续表

序号	定额编号	名称	单位	定额消耗量	不含税单价	合价（元）
1		综合工日（870003）	工日	0.046	124	5.7
（二）		材料				
1		丙烯酸弹性高级涂料	kg	0.4	20.51	8.2
2		水性封底漆（普通）	kg	0.125	16.05	2.01
3		弹性泥子（粉状）	kg	0.054	0.72	0.04
4		其他材料费	元			0.13
（三）		机械				
1		其他机具费	元			0.16
小计						16.24

步骤 2 计算直接工程费。

定额工程量的计算（计算过程略）以北京市 2012 年的《房屋建筑与装饰工程预算定额》中工程量的计算规则为例。直接工程费的计算结果见表 5-7。

表 5-7 直接工程费

序号	清单编码 / 定额编号	名称	工程量		价值（元）		其中：人工费（元）	
			单位	数量	单价	合价	单价	合价
一	011201001001	女儿墙和外墙墙面一般抹灰	m^2	245.51				
1	12-12 换	底层抹灰（打底）DP 砂浆 5mm 干拌砂浆 换为【抹灰砂浆 DP-MR】	m^2	245.51	10.91	2 678.51	7.94	1 949.35
2	（12-13 换）×4	底层抹灰（打底）DP 砂浆每增减 1mm 干拌砂浆 换为【抹灰砂浆 DP-MR】	m^2	245.51	3.72	913.3	1.48	363.35
二	011201001002	餐厅墙面一般抹灰	m^2	95.5				
1	12-12	底层抹灰（打底）DP 砂浆 5mm 干拌砂浆	m^2	102.58	10.89	1 117.1	7.94	814.49
2	（12-13）×5	底层抹灰（打底）DP 砂浆每增减 1mm 干拌砂浆	m^2	102.58	4.85	497.51	1.85	189.77
3	12-28 换	面层抹灰（罩面或找平抹光）DP 砂浆 5mm 干拌砂浆 换为【抹灰砂浆 DP-HR】	m^2	102.58	12.08	1 239.17	8.89	911.94

续表

序号	清单编码 / 定额编号	名称	工程量		价值（元）		其中：人工费（元）	
			单位	数量	单价	合价	单价	合价
4	（12-29 换）×（-3）	面层抹灰（罩面或找平抹光）DP 砂浆　每增减 1mm 干拌砂浆　换为【抹灰砂浆 DP-HR】	m^2	102.58	-2.92	-299.53	-1.11	-113.86
三	011201001003	卫生间和操作室墙面一般抹灰	m^2	87.58				
1	12-12 换	底层抹灰（打底）DP 砂浆 5mm 干拌砂浆　换为【抹灰砂浆 DP-LR】	m^2	93.54	11.01	1 029.88	7.94	742.71
2	（12-13 换）×4	底层抹灰（打底）DP 砂浆每增减 1mm 干拌砂浆　换为【抹灰砂浆 DP-LR】	m^2	93.54	3.81	356.39	1.48	138.44
四	011201004001	外墙面立面砂浆找平层	m^2	259.82				
1	12-63	墙立面砂浆找平层　干拌砂浆　DP 砂浆　20mm	m^2	259.82	27.24	7 077.5	16	4 157.12
2	（12-64）×（-2.4）	墙立面砂浆找平层　干拌砂浆　DP 砂浆　每增减 5mm	m^2	259.82	-15.62	-4 058.39	-8.93	-2 320.19
五	011407001001	外墙面喷刷涂料	m^2	245.51				
1	14-702	满刮泥子　墙面　耐水泥子水泥面	m^2	245.51	11	2 700.61	8.06	1 978.81
2	14-647	抹灰面油漆　抗碱封闭底漆	m^2	245.51	6.5	1 595.82	1.7	417.37
3	14-719	外墙涂料　丙烯酸乳胶漆二遍	m^2	245.51	11.72	2 877.38	6.32	1 551.62
六	011407001002	餐厅墙面喷刷涂料	m^2	91.17				
1	14-702	满刮泥子　墙面　耐水泥子水泥面	m^2	91.17	11	1 002.87	8.06	734.83
2	114-745	内墙涂料　丙烯酸乳胶漆二遍	m^2	91.17	16.24	1 480.6	5.7	519.67
七	011204003001	卫生间和操作室墙砖墙面	m^2	87.58				
1	12-161	块料内墙　DTA 砂浆粘贴　薄型釉面砖　每块面积 $0.06m^2$ 以外　勾缝	m^2	87.58	136.56	11 959.92	49.85	4 365.86
合计						32 168.64		16 401.28

步骤 3　计算综合单价。

每个清单项目的直接工程费均为其项下所有定额子目合价之和，如：餐厅墙面喷刷涂料（011407001002）的直接工程费为“满刮泥子 墙面 耐水泥子 水泥面（14－702）”“内墙涂料 丙烯酸乳胶漆 二遍（14－745）”2个定额子目的合价之和。

综合单价的计算结果见表5-8。

表5-8　综合单价

序号	清单编码	费用项目	计算基础	计算基数	计算费率	金额（元）
一	011201001001	女儿墙和外墙墙面一般抹灰				
1		直接工程费				3 591.81
2		企业管理费	直接工程费	3 591.81	8.40%	301.71
3		利润	直接工程费＋企业管理费	3 893.52	7.00%	272.55
4		风险费（适用于投标报价）				0
5		分部分项工程费	直接工程费＋企业管理费＋利润＋风险费			4 166.07
6		综合单价＝项目5÷清单工程量	分部分项工程费			16.97
二	011201001002	餐厅墙面一般抹灰				
1		直接工程费				2 554.25
2		企业管理费	直接工程费	2 554.25	8.40%	214.56
3		利润	直接工程费＋企业管理费	2 768.81	7.00%	193.82
4		风险费（适用于投标报价）				0
5		分部分项工程费	直接工程费＋企业管理费＋利润＋风险费			2 962.63
6		综合单价＝项目5÷清单工程量	分部分项工程费			31.02
三	011201001003	卫生间和操作室墙面一般抹灰				
1		直接工程费				1 386.27
2		企业管理费	直接工程费	1 386.27	8.40%	116.45
3		利润	直接工程费＋企业管理费	1 502.72	7.00%	105.19
4		风险费（适用于投标报价）				0

续表

序号	清单编码	费用项目	计算基础	计算基数	计算费率	金额（元）
5		分部分项工程费	直接工程费＋企业管理费＋利润＋风险费			1 607.91
6		综合单价＝项目5÷清单工程量	分部分项工程费			18.36
四	011201004001	外墙面立面砂浆找平层				
1		直接工程费				3 019.11
2		企业管理费	直接工程费	3 019.11	8.40%	253.61
3		利润	直接工程费＋企业管理费	3 272.72	7.00%	229.09
4		风险费（适用于投标报价）				0
5		分部分项工程费	直接工程费＋企业管理费＋利润＋风险费			3 501.81
6		综合单价＝项目5÷清单工程量	分部分项工程费			13.48
五	011407001001	外墙面喷刷涂料				
1		直接工程费				7 173.81
2		企业管理费	直接工程费	7 173.81	8.40%	602.6
3		利润	直接工程费＋企业管理费	7 776.41	7.00%	544.35
4		风险费（适用于投标报价）				0
5		分部分项工程费	直接工程费＋企业管理费＋利润＋风险费			8 320.76
6		综合单价＝项目5÷清单工程量	分部分项工程费			33.89
六	011407001002	餐厅墙面喷刷涂料				
1		直接工程费				2 483.47
2		企业管理费	直接工程费	2 483.47	8.40%	208.61
3		利润	直接工程费＋企业管理费	2 692.08	7.00%	188.45
4		风险费（适用于投标报价）				0
5		分部分项工程费	直接工程费＋企业管理费＋利润＋风险费			2 880.53

续表

序号	清单编码	费用项目	计算基础	计算基数	计算费率	金额（元）
6		综合单价 = 项目 5 ÷ 清单工程量	分部分项工程费			31.6
七	011204003001	卫生间和操作室墙砖墙面				
1		直接工程费				11 959.92
2		企业管理费	直接工程费	11 959.92	8.40%	1 004.63
3		利润	直接工程费 + 企业管理费	12 964.55	7.00%	907.52
4		风险费（适用于投标报价）				0
5		分部分项工程费	直接工程费 + 企业管理费 + 利润 + 风险费			13 872.07
6		综合单价 = 项目 5 ÷ 清单工程量	分部分项工程费			158.39
合计						37 311.78

步骤 4 计算分部分项工程费。

分部分项工程费的计算结果见表 5-9。

表 5-9 分部分项工程费

序号	项目编码	项目名称	项目特征描述	计量单位	工程量	金额（元）		
						综合单价	合价	其中 暂估价
1	011201001001	女儿墙和外墙墙面一般抹灰	1. 墙体类型：非黏土砖 2. 底层厚度、砂浆配合比：9 厚 DP-MR 砂浆	m^2	245.51	16.97	4 166.3	0
2	011201001002	餐厅墙面一般抹灰	1. 墙体类型：非黏土砖 2. 底层厚度、砂浆配合比：10 厚 DP-HR 砂浆 3. 面层厚度、砂浆配合比：2 厚 DP-HR 砂浆	m^2	95.5	31.02	2 962.41	0
3	011201001003	卫生间和操作室墙面一般抹灰	1. 墙体类型：非黏土砖 2. 底层厚度、砂浆配合比：9 厚 DP-LR 砂浆	m^2	87.58	18.36	1 607.97	0
4	011201004001	外墙面立面砂浆找平层	1. 基层类型：非黏土砖 2. 找平层厚度、砂浆配合比：8 厚 DP-MR 砂浆找平	m^2	259.82	13.48	3 502.37	0

续表

序号	项目编码	项目名称	项目特征描述	计量单位	工程量	金额（元）		
						综合单价	合价	其中 暂估价
5	011407001001	外墙面喷刷涂料	1. 基层类型：外保温板抹面砂浆 2. 喷刷涂料部位：外墙 3. 泥子种类：耐水泥子 4. 刮泥子要求：满刮二遍 5. 涂料品种、喷刷遍数：灰色丙烯酸乳胶漆、二遍	m^2	245.51	33.89	8 320.33	0
6	011407001002	餐厅墙面喷刷涂料	1. 基层类型：非黏土砖 2. 喷刷涂料部位：内墙 3. 泥子种类：耐水泥子 4. 刮泥子要求：满刮二遍 5. 涂料品种、喷刷遍数：白色丙烯酸乳胶漆、二遍	m^2	91.17	31.6	2 880.97	0
7	011204003001	卫生间和操作室墙砖墙面	1. 墙体类型：非黏土砖 2. 安装方式：5 厚 DTA 砂浆粘贴 3. 面层材料品种、规格、颜色：墙砖、300mm × 300mm、白色 4. 嵌缝材料种类：DTG 干拌砂浆	m^2	87.58	158.39	13 871.8	0
分部分项工程费小计							37 312.15	0

步骤 5 计算规费、税金。

规费、税金的计算结果见表 5-10。

表 5-10 规费、税金

序号	项目名称	计算基础	计算基数	计算费率	金额（元）
1	规费				3 240.9
1.1	社会保险费	(分部分项工程费 + 措施项目费 + 其他项目费）中的人工费	16 401.28	13.79%	2 261.74
1.2	住房公积金	(分部分项工程费 + 措施项目费 + 其他项目费）中的人工费	16 401.28	5.97%	979.16
2	税金	分部分项工程费 + 措施项目费 + 其他项目费 + 规费	40 553.05	9.00%	3 649.77
合计					6 890.67

步骤 6　计算总价。

总价的计算结果见表 5-11。

表 5-11　总价

序号	汇总内容	金额（元）	其中：暂估价（元）
1	分部分项工程	37 312.15	0
1.1	墙柱面工程	37 312.15	0
2	措施项目	0	0
2.1	其中：安全文明施工费	0	0
3	其他项目	0	0
3.1	其中：暂列金额	0	0
3.2	其中：专业工程暂估价	0	0
3.3	其中：计日工	0	0
3.4	其中：总承包服务费	0	0
4	规费	3 240.9	0
5	税金	3 649.77	0
合计 =1+2+3+4+5		44 202.82	0

技能检测

一、单选题

1. 根据《房屋建筑与装饰工程工程量计算规范》（GB 50854-2013）的规定，下列关于抹灰工程量计算的说法中，正确的是（　　）。（2016 年注册造价工程师考试题）

A. 墙面抹灰工程量应扣除墙与构件交接处面积

B. 有墙裙的内墙抹灰按主墙间净长乘以墙裙顶至天棚底高度以面积计算

C. 内墙裙抹灰不单独计算

D. 外墙抹灰按外墙展开面积计算

2. 根据《房屋建筑与装饰工程工程量计算规范》（GB 50854-2013）的规定，下列关于墙面抹灰工程量计算的说法中，正确的是（　　）。（2020 年注册造价工程师考试题）

A.墙面抹灰中墙面勾缝不单独列项

B. 有吊顶天棚的内墙面抹灰抹至吊顶以上部分应另行计算

C. 墙面水刷石按墙面装饰抹灰编码列项

D. 墙面抹石膏灰浆按墙面装饰抹灰编码列项

3. 根据《房屋建筑与装饰工程工程量计算规范》(GB 50854-2013) 的规定，下列关于幕墙工程工程量计算的说法中，正确的是 (　　)。(2020 年注册造价工程师考试题)

A. 应扣除与带骨架幕墙同种材质的窗所占面积

B. 带肋全玻幕墙玻璃工程量应单独计算

C. 带骨架幕墙按图示框内围尺寸以面积计算

D. 带肋全玻幕墙按展开面积计算

4. 根据《房屋建筑与装饰工程工程量计算规范》(GB 50854-2013) 的规定，下列关于装饰装修工程量计算的说法中，正确的是 (　　)。

A. 石材墙面按图示尺寸以面积计算

B. 墙面装饰抹灰工程量应扣除踢脚线所占面积

C. 干挂石材钢骨架按设计图示尺寸以质量计算

D. 装饰板墙面按设计图示尺寸以面积计算，不扣除门窗洞口所占面积

二、多选题

1. 根据《房屋建筑与装饰工程量计算规范》(GB 50854-2013) 的规定，下列关于柱面抹灰工程量计算的说法中，正确的是 (　　)。(2020 年注册造价工程师考试题)

A. 柱面勾缝忽略不计

B. 柱面抹麻刀石灰浆按柱面装饰抹灰编码列项

C. 柱面一般抹灰按设计断面周长乘以高度以面积计算

D. 柱面勾缝按设计断面周长乘以高度以面积计算

E. 柱面砂浆找平按设计断面周长乘以高度以面积计算

2. 根据《房屋建筑与装饰工程量计算规范》(GB 50854-2013) 的规定，内墙面抹灰工程量按主墙间的净长乘以高度计算，不应扣除 (　　)。

A. 门窗洞口面积

B. $0.3m^2$ 以内孔洞所占面积

C. 踢脚线所占面积

D. 墙与构件交接处的面积

E. 挂镜线所占面积

项目6　天棚工程工程量清单与计价

项目导读

天棚工程工程量清单包括天棚抹灰、吊顶、采光天棚等。

通过学习《房屋建筑与装饰工程工程量计算规范》(GB 50854-2013)中天棚工程的相关内容，熟悉天棚工程工程量清单的相关编制内容，掌握天棚工程工程量清单的计算规则，了解定额工程量与清单工程量计算规则的区别，能够编制天棚工程的工程量清单。

依据《建设工程工程量清单计价规范》(GB 50500-2013)，通过学习天棚工程工程量清单计价的编制，掌握工程量清单计价的编制流程、方法等。

项目重点

1. 定额工程量与清单工程量计算规则的区别。
2. 天棚吊顶工程量清单计价的编制。

思政目标

通过本项目的学习，养成规则意识，做到工程量清单与计价的编制有据可循，形成精准科学的工作作风，培养脚踏实地的新时代工匠精神。

任务 6.1 天棚抹灰

任务目标

- 熟悉天棚抹灰清单项目的内容。
- 掌握天棚抹灰清单工程量的计算规则。
- 能够编制天棚抹灰的工程量清单。
- 遵守工程量清单编制的相关法律法规、规范的要求。

6.1.1 本任务涉及的清单项目

本任务涉及的清单项目见表 6-1。

表 6-1 本任务涉及的清单项目

项目编码	项目名称	项目特征	计量单位	工程量计算规则	工作内容
011301001	天棚抹灰	1. 基层类型 2. 抹灰厚度、材料种类 3. 砂浆配合比	m^2	按设计图示尺寸以水平投影面积计算。不扣除间壁墙、垛、柱、附墙烟囱、检查口和管道所占的面积，带梁天棚的梁两侧抹灰面积并入天棚面积内，板式楼梯底面抹灰按斜面积计算，锯齿形楼梯底板抹灰按展开面积计算	1. 基层清理 2. 底层抹灰 3. 抹面层

6.1.2 计算规则

（1）天棚抹灰按设计图示尺寸以水平投影面积计算。

（2）板式楼梯底面抹灰按斜面积计算，锯齿形楼梯底板抹灰按展开面积计算。

不扣除：间壁墙、垛、柱、附墙烟囱、检查口和管道所占的面积。

带梁天棚的梁两侧抹灰面积并入天棚面积内。

6.1.3 清单编制说明

间壁墙是指墙厚小于等于 120mm 的墙。

任务 6.2 天棚吊顶

任务目标

- 熟悉天棚吊顶清单项目的内容。
- 掌握天棚吊顶清单工程量的计算规则。
- 能够编制天棚吊顶的工程量清单。
- 遵守工程量清单编制的相关法律法规、规范的要求。

6.2.1 本任务涉及的清单项目

本任务涉及的清单项目见表 6-2。

表 6-2 本任务涉及的清单项目

项目编码	项目名称	项目特征	计量单位	工程量计算规则	工作内容
011302001	天棚吊顶	1. 吊顶形式、吊杆规格、高度 2. 龙骨材料种类、规格、中距 3. 基层材料种类、规格 4. 面层材料种类、规格 5. 压条材料种类、规格 6. 嵌缝材料种类 7. 防护材料种类	m^2	按设计图示尺寸以水平投影面积计算。天棚面中的灯槽及跌级、锯齿形、吊挂式、藻井式天棚面积不展开计算。不扣除间壁墙、检查口、附墙烟囱、柱垛和管道所占面积，扣除单个大于 $0.3m^2$ 的孔洞、独立柱及与天棚相连的窗帘盒所占的面积	1. 基层清理、吊杆安装 2. 龙骨安装 3. 基层板铺贴 4. 面层铺贴 5. 嵌缝 6. 刷防护材料

6.2.2 计算规则

（1）天棚吊顶按设计图示尺寸以水平投影面积计算。

（2）天棚面中的灯槽及跌级、锯齿形、吊挂式、藻井式天棚面积不展开计算。

扣除：单个大于 $0.3m^2$ 的孔洞、独立柱及与天棚相连的窗帘盒所占的面积。

不扣除：间壁墙、检查口、附墙烟囱、柱垛和管道所占面积。

6.2.3 清单编制说明

间壁墙是指墙厚小于等于 120mm 的墙。

任务 6.3 天棚涂料

任务目标

- 熟悉天棚涂料清单项目的内容。
- 掌握天棚涂料清单工程量的计算规则。
- 能够编制天棚涂料的工程量清单。
- 遵守工程量清单编制的相关法律法规、规范的要求。

6.3.1 本任务涉及的清单项目

本任务涉及的清单项目见表 6-3。

表 6-3 本任务涉及的清单项目

项目编码	项目名称	项目特征	计量单位	工程量计算规则	工作内容
011407002	天棚喷刷涂料	1. 基层类型 2. 喷刷涂料部位 3. 泥子种类 4. 刮泥子要求 5. 涂料品种、喷刷遍数	m^2	按设计图示尺寸以面积计算	1. 基层清理 2. 刮泥子 3. 刷喷涂料

6.3.2 计算规则

天棚喷刷涂料按设计图示尺寸以面积计算。

6.3.3 清单编制说明

天棚喷刷涂料的清单工程量按建筑平面图的图示尺寸计算。

项目实训

实训主题

一、工程概况

某食堂为框架结构，施工图详见本书附录。

（一）餐厅天棚吊顶施工做法（详见通用图集华北标 12BJ1-1 工程做法第 D137 页棚 14A）

（1）钢筋混凝土板内预留 ϕ10 钢筋吊环（勾），中距横向≤ 1 200，纵向≤ 1 100（预制混凝土板可在板缝内预留吊环）。

（2）U 型轻钢龙骨 CB50×20 中距 429，ϕ6 钢筋吊杆，中距横向≤ 800，纵向 429，吊杆上部与混凝土板预留钢筋吊环固定。

（3）12 厚纸面石膏板（3 000×1 200mm），用自攻螺钉与龙骨固定。

（4）满刷氯偏乳液或乳化光油防潮涂料两道。

（5）U 型轻钢龙骨横撑 CB50×20 中距 1 200。

（6）满刮 2 厚面层耐水泥子。

（7）喷（或刷）封底漆一道。

（8）喷（或刷）白色丙烯酸乳胶漆二遍。

（二）卫生间、操作室天棚吊顶施工做法（详见通用图集华北标 12BJ1-1 工程做法第 D133 页棚 7B）

（1）现浇钢筋混凝土板底预埋 ϕ8 钢筋吊环（勾），中距横向 500，纵向≤ 900。

（2）U 型轻钢龙骨 CB50×20 中距 500，找平后用吊件直接吊挂在预留钢筋吊环（勾）下。

（3）U 型轻钢龙骨 CB50×20，设于条板纵向接缝处。

（4）9 厚 PVC 条板面层，宽 136，用自攻螺钉固定。

（5）钉塑料线脚。

试编制该食堂餐厅、卫生间和操作室天棚的工程量清单与计价。

二、清单计价编制说明

（一）编制依据

（1）定额采用北京市 2012 年的《房屋建筑与装饰工程预算定额》。

（2）人工、材料、机械单价采用 2020 年 12 月的《北京工程造价信息》（简称信息价），没有信息价的采用市场价格（简称市场价），人工、材料、机械单价详见表 6-4。

表 6-4　人工、材料、机械单价

序号	名称及规格	单位	不含增值税的市场价（元）
一	人工类别		
1	综合工日（870003）	工日	124

续表

序号	名称及规格	单位	不含增值税的市场价（元）
二	材料类别		
1	U 形轻钢龙骨　CB50 × 20	m	10.31
2	U 形轻钢龙骨连接件　CB50-L	个	0.42
3	U 形轻钢龙骨插挂件　CB50-3	个	0.44
4	U 型轻钢龙骨吊件　CB50-1P	个	0.57
5	纸面石膏板　12mm	m^2	13.65
6	吊杆	根	4.1
7	塑料线脚	m	13.04
8	膨胀螺栓　ϕ10	套	2.64
9	铁件	kg	4.09
10	合金钢钻头	个	23.39
11	油漆溶剂油	kg	14.1
12	清油	kg	17.5
13	熟桐油	kg	44.8
14	水性封底漆（普通）	kg	16.05
15	耐水泥子（粉）	kg	1.77
16	丙烯酸弹性高级涂料	kg	20.51
17	PVC 装饰板　1.25mm	m^2	21.78

（二）措施项目费

本项目暂不计算措施项目费，在项目 7 的“项目实训”中单独计算。

（三）其他项目费

无其他项目费。

（四）相关费率和税率

（1）企业管理费费率采用北京市现行标准，执行“单层建筑、其他”类的费率，为 8.4%。

（2）利润费率采用北京市的利润费率标准，为 7%。

（3）社会保险费和住房公积金费率执行北京市现行的费率标准。社会保险费包括基本医疗保险基金、基本养老保险费、失业保险基金、工伤保险基金、残疾人就业保险金、生育保险六项保险，费率为 13.79%，住房公积金费率为 5.97%。

（4）税金执行现行的增值税税率标准，为 9%。

实训分析

1. 读图、识图

天棚清单工程量计算的主要依据是建筑平面图、大样图和内装修做法表，要完成本任务，就要读懂建筑平面图、大样图和内装修做法表，由本工程的建筑平面图、大样图知道涉及天棚工程的分项工程主要是吊顶和涂料。

2. 清单工程量计算分析

天棚的清单工程量与楼地面的计算分析相似，此处不再赘述。

3. 清单计价分析

人工、材料、机械单价、分部分项工程费、社会保险费和住房公积金、税金等相关内容与项目1的“实训分析”相同，此处不再赘述。

实训内容

一、编制工程量清单

步骤1 计算餐厅天棚清单工程量。

可以将本实训的餐厅天棚划分为3个矩形：(A–C)轴×(1–2)轴；(A–C)轴×(2–3)轴；(A–B)轴×(3–4)轴。

(1)计算(A–C)轴×(1–2)轴的矩形面积：

$$(4.2-0.12-0.24)\times(3.8+1.8-0.12-0.06)=20.81\ (\mathrm{m}^2)$$

(2)计算(A–C)轴×(2–3)轴的矩形面积：

$$(4.2-0.12+0.24)\times(3.8+1.8-0.12\times2)=23.16\ (\mathrm{m}^2)$$

(3)计算(A–B)轴×(3–4)轴的矩形面积：

$$(4.2+0.12-0.18)\times(3.8-0.12\times2)=14.74\ (\mathrm{m}^2)$$

因此，餐厅天棚清单工程量为：

$$20.81+23.16+14.74=58.71\ (\mathrm{m}^2)$$

步骤2 计算卫生间和操作室天棚清单工程量。

1. 计算卫生间天棚的面积

$$(4.2-0.12-0.24)\times(2-0.12-0.18)=6.53\ (\mathrm{m}^2)$$

2. 计算操作室天棚的面积

4轴的内墙面不在同一个立面上，且偏差60mm，因此将操作室天棚划分为两个矩形：(A–B)轴×(4–5)轴；(B–C)轴×(4–5)轴。

（1）计算（A–B）轴 ×（4–5）轴的矩形面积：

$(4.2-0.06-0.12)\times(3.8-0.12\times2)=14.31\ (m^2)$

（2）计算（B–C）轴 ×（4–5）轴的矩形面积：

$(4.2-0.12\times2)\times1.8=7.13\ (m^2)$

因此，操作室的天棚清单工程量为：

$14.31+7.13=21.44\ (m^2)$

3. 计算卫生间和操作室天棚清单工程量

$6.53+21.44=27.97\ (m^2)$

步骤 3 编制工程量清单。

工程量清单的计算结果见表 6–5。

表 6–5 工程量清单

序号	项目编码	项目名称	项目特征	计量单位	工程量
1	011302001001	餐厅吊顶天棚	1. 吊顶形式、吊杆规格、高度： 平面、ϕ6、3.4m 2. 龙骨材料种类、规格、中距： U 型轻钢龙骨、CB50 × 20、中距 429mm； U 型轻钢龙骨横撑、CB50 × 20、中距 1 200mm 3. 面层材料品种、规格： 12mm 厚纸面石膏板（3 000mm × 1 200mm） 4. 防护材料种类： 防潮涂料	m^2	58.71
2	011302001002	卫生间及操作室吊顶天棚	1. 吊顶形式、高度：平面、3.4m 2. 龙骨材料种类、规格、中距： U 型轻钢龙骨、CB50 × 20、中距 500mm U 型轻钢龙骨（用于纵向接缝处）、CB50 × 20 3. 面层材料品种、规格： 9mm 厚 PVC 条板、宽 136mm 4. 压条材料种类：塑料线脚	m^2	27.97
3	011407002001	餐厅天棚喷刷涂料	1. 基层类型：纸面石膏板 2. 泥子种类：耐水泥子 3. 刮泥子要求：满刮 2mm 厚，符合施工及规范要求 4. 涂料品种、喷涂遍数：白色丙烯酸乳胶漆二遍	m^2	58.71

二、编制工程量清单计价

步骤 1 选择定额子目并调整单价。

1. 选择定额子目

以北京市2012年的《房屋建筑与装饰工程预算定额》为例，选择餐厅吊顶天棚（011302001001）、餐厅天棚喷刷涂料（011407002001）两个清单项目的定额子目如下：

（1）餐厅吊顶天棚（011302001001）包含的定额子目：U型轻钢龙骨 单层龙骨 面板规格 $0.5m^2$ 以外 吊挂式（13-16）、天棚面层 纸面石膏板 安装在U形龙骨上（13-69）。

（2）餐厅天棚喷刷涂料（011407002001）包含的定额子目：满刮泥子 天棚泥子 耐水泥子 纸面石膏板（14－711）、天棚涂料 乳胶漆二遍（14－754）。

2. 调整定额子目单价

采用人工、材料、机械的信息价或市场价将定额子目单价调整为当前的价格，消耗量采用国家或省级、行业建设主管部门发布的定额子目的消耗量。以上所选的定额子目单价调整结果见表6-6。

表6-6 定额子目单价

序号	定额编号	名称	单位	定额消耗量	不含税单价	合价（元）
一	13-16	U型轻钢龙骨 单层龙骨 面板规格 $0.5m^2$ 以外 吊挂式	m^2			
（一）		人工				
1		综合工日（870003）	工日	0.148	124	18.35
（二）		材料				
1		U形轻钢龙骨 CB50×20	m	3.652 2	10.31	37.65
2		U形轻钢龙骨连接件 CB50-L	个	0.597 6	0.42	0.25
3		U形轻钢龙骨插挂件 CB50-3	个	4.442 5	0.44	1.95
4		U型轻钢龙骨吊件 CB50-1P	个	3.187 1	0.57	1.82
5		铁件	kg	0.882 8	4.09	3.61
6		吊杆	根	1.375	4.1	5.64
7		合金钢钻头	个	0.039 4	23.39	0.92
8		膨胀螺栓 ϕ10	套	3.187 1	2.64	8.41
9		其他材料费	元			1.99
（三）		机械				
1		其他机具费	元			3.64
小计						84.23
二	13-69换	天棚面层 纸面石膏板 安装在U形龙骨上	m^2			
（一）		人工				

续表

序号	定额编号	名称	单位	定额消耗量	不含税单价	合价（元）
1		综合工日（870003）	工日	0.105	124	13.02
（二）		材料				
1		纸面石膏板　12mm 厚	m^2	1.02	13.65	13.92
2		其他材料费	元			0.74
（三）		机械				
1		其他机具费	元			0.79
小计						28.47
三	14-711	满刮泥子　天棚泥子　耐水泥子纸面石膏板	m^2			
（一）		人工				
1		综合工日（870003）	工日	0.075	124	9.3
（二）		材料				
1		耐水泥子（粉）	kg	1.7	1.77	3.01
2		熟桐油	kg	0.018	44.8	0.81
3		油漆溶剂油	kg	0.078	14.1	1.1
4		清油	kg	0.018	17.5	0.32
5		其他材料费	元			0.08
（三）		机械				
1		其他机具费	元			0.26
小计						14.88
四	14-754换	天棚涂料　乳胶漆二遍	m^2			
（一）		人工				
1		综合工日（870003）	工日	0.048	124	5.95
（二）		材料				
1		水性封底漆（普通）	kg	0.154 5	16.05	2.48
2		丙烯酸弹性高级涂料	kg	0.42	20.51	8.61
3		其他材料费	元			0.08
（三）		机械				
1		其他机具费	元			0.17
小计						17.29

步骤 2　计算直接工程费。

定额工程量的计算（计算过程略）以北京市2012年的《房屋建筑与装饰工程预算定额》中工程量的计算规则为例，直接工程费的计算结果见表6–7。

表6–7　直接工程费

序号	清单编码 / 定额编号	名称	工程量		价值（元）		其中：人工费（元）	
			单位	数量	单价	合价	单价	合价
一	011302001001	餐厅吊顶天棚	m^2	58.71				
1	13–16	U型轻钢龙骨　单层龙骨　面板规格0.5m^2以外　吊挂式	m^2	58.71	84.23	4 945.14	18.35	1 077.33
2	13–69换	天棚面层　纸面石膏板安装在U形龙骨上	m^2	58.71	28.47	1 671.47	13.02	764.4
二	011302001002	卫生间及操作室吊顶天棚	m^2	27.97				
1	13–16	U型轻钢龙骨　单层龙骨　面板规格0.5m^2以外　吊挂式	m^2	27.97	84.23	2 355.91	18.35	513.25
2	13–79	天棚面层　PVC板	m^2	27.97	64.4	1 801.27	15.5	433.54
三	011407002001	餐厅天棚喷刷涂料	m^2	58.71				
1	14–711	满刮泥子　天棚泥子　耐水泥子　纸面石膏板	m^2	58.71	14.88	873.6	9.3	546
2	14–754换	天棚涂料　乳胶漆二遍	m^2	58.71	17.29	1 015.1	5.95	349.32
合计						12 662.49		3 683.84

步骤3　计算综合单价。

每个清单项目的直接工程费均为其项下所有定额子目合价之和，如：餐厅天棚喷刷涂料（011407002001）的直接工程费为“满刮泥子 天棚泥子 耐水泥子 纸面石膏板（14－711）、天棚涂料 乳胶漆二遍（14－754）”两个定额子目的合价之和。

综合单价的计算结果见表6–8。

表6–8　综合单价

序号	清单编码	费用项目	计算基础	计算基数	计算费率	金额（元）
一	011302001001	餐厅吊顶天棚				
1		直接工程费				6 616.61
2		企业管理费	直接工程费	6 616.61	8.40%	555.8

续表

序号	清单编码	费用项目	计算基础	计算基数	计算费率	金额（元）
3		利润	直接工程费＋企业管理费	7 172.41	7.00%	502.07
4		风险费（适用于投标报价）				0
5		分部分项工程费	直接工程费＋企业管理费＋利润＋风险费			7 674.48
6		综合单价＝项目5÷清单工程量	分部分项工程费			130.72
二	011302001002	卫生间及操作室吊顶天棚				
1		直接工程费				4 157.18
2		企业管理费	直接工程费	4 157.18	8.40%	349.2
3		利润	直接工程费＋企业管理费	4 506.38	7.00%	315.45
4		风险费（适用于投标报价）				0
5		分部分项工程费	直接工程费＋企业管理费＋利润＋风险费			4 821.83
6		综合单价＝项目5÷清单工程量	分部分项工程费			172.39
三	011407002001	餐厅天棚喷刷涂料				
1		直接工程费				1 888.7
2		企业管理费	直接工程费	1 888.7	8.40%	158.65
3		利润	直接工程费＋企业管理费	2 047.35	7.00%	143.31
4		风险费（适用于投标报价）				0
5		分部分项工程费	直接工程费＋企业管理费＋利润＋风险费			2 190.66
6		综合单价＝项目5÷清单工程量	分部分项工程费			37.31
合计						14 686.97

步骤 4 计算分部分项工程费。

分部分项工程费的计算结果见表 6-9。

表 6-9 分部分项工程费

序号	项目编码	项目名称	项目特征描述	计量单位	工程量	金额（元）		
						综合单价	合价	其中：暂估价
1	011302001001	餐厅吊顶天棚	1. 吊顶形式、吊杆规格、高度：平面、ϕ6、3.4m 2. 龙骨材料种类、规格、中距：U 型轻钢龙骨、CB50×20、中距 429mm；U 型轻钢龙骨横撑、CB50×20、中距 1 200mm 3. 面层材料品种、规格：12mm 厚纸面石膏板（3 000mm×1 200mm） 4. 防护材料种类：防潮涂料	m^2	58.71	130.72	7 674.57	0
2	011302001002	卫生间及操作室吊顶天棚	1. 吊顶形式、高度：平面、3.4m 2. 龙骨材料种类、规格、中距：U 型轻钢龙骨、CB50×20、中距 500mm U 型轻钢龙骨（用于纵向接缝处）、CB50×20 3. 面层材料品种、规格：9mm 厚 PVC 条板、宽 136mm 4. 压条材料种类：塑料线脚	m^2	27.97	172.39	4 821.75	0
3	011407002001	餐厅天棚喷刷涂料	1. 基层类型：纸面石膏板 2. 泥子种类：耐水泥子 3. 刮泥子要求：满刮 2mm 厚，符合施工及规范要求 4. 涂料品种、喷涂遍数：白色丙烯酸乳胶漆二遍	m^2	58.71	37.31	2 190.47	0
分部分项工程费小计							14 686.79	0

步骤 5 计算规费、税金。

规费、税金的计算结果见表 6-10。

表 6-10 规费、税金

序号	项目名称	计算基础	计算基数	计算费率	金额（元）
1	规费				727.93

续表

序号	项目名称	计算基础	计算基数	计算费率	金额（元）
1.1	社会保险费	（分部分项工程费 + 措施项目费 + 其他项目费）中的人工费	3 683.84	13.79%	508
1.2	住房公积金	（分部分项工程费 + 措施项目费 + 其他项目费）中的人工费	3 683.84	5.97%	219.93
2	税金	分部分项工程费 + 措施项目费 + 其他项目费 + 规费	15 414.72	9.00%	1 387.32
合计					2 115.25

步骤 6 计算总价。

总价的计算结果见表 6-11。

表 6-11 总价

序号	汇总内容	金额（元）	其中：暂估价（元）
1	分部分项工程	14 686.79	0
1.1	天棚工程	14 686.79	0
2	措施项目	0	0
2.1	其中：安全文明施工费	0	0
3	其他项目	0	0
3.1	其中：暂列金额	0	0
3.2	其中：专业工程暂估价	0	0
3.3	其中：计日工	0	0
3.4	其中：总承包服务费	0	0
4	规费	727.93	0
5	税金	1 387.32	0
合计 =1+2+3+4+5		16 802.04	0

技能检测

一、单选题

1. 根据《房屋建筑与装饰工程工程量计算规范》（GB 50854-2013）的规定，下列关于天棚抹灰工程量的计算方法中，正确的是（　　）。（2020 年注册造价工程师考试题）

A. 扣除检查口和管道所占面积

B. 板式楼梯底面抹灰按水平投影面积计算

C. 扣除间壁墙、垛和柱所占面积

D. 锯齿形楼梯底板抹灰按展开面积计算

2. 根据《房屋建筑与装饰工程工程量计算规范》(GB 50854-2013)的规定，下列关于天棚装饰工程量的计算方法中，正确的是(　　)。(2014年注册造价工程师考试题)

A. 灯带(槽)按设计图示尺寸以框外围面积计算

B. 灯带(槽)按设计图示尺寸以延长米计算

C. 送风口按设计图示尺寸以结构内边线面积计算

D. 回风口按设计图示尺寸以面积计算

二、多选题

天棚吊顶按设计图示尺寸以水平投影面积计算，(　　)。

A. 扣除间壁墙、检查口和附墙烟囱的所占面积

B. 不扣除柱垛和管道所占面积

C. 扣除单个 $0.3m^2$ 以外的孔洞面积

D. 锯齿形顶棚按展开面积计算

E. 格栅吊顶按设计图示尺寸以水平投影面积计算

项目 7　措施项目工程量清单与计价

项目导读

措施项目工程量清单包括混凝土模板及支架（撑）、垂直运输、超高施工增加、安全文明施工、脚手架等。

通过学习《房屋建筑与装饰工程工程量计算规范》（GB 50854-2013）中措施项目的相关内容，熟悉措施项目工程量清单的相关编制内容，掌握措施项目工程量清单的计算规则，了解定额工程量与清单工程量计算规则的区别，能够编制措施项目的工程量清单。

依据《建设工程工程量清单计价规范》（GB 50500-2013），通过学习措施项目工程量清单计价的编制，掌握工程量清单计价的编制流程、方法等。

项目重点

1. 混凝土模板及支架（撑）定额工程量与清单工程量计算规则的区别。
2. 建筑面积的计算。
3. 不同种类脚手架的适用范围。

思政目标

通过本项目的学习，形成法治思想，坚持立足实际、求真务实的工作作风，树立严谨科学的职业价值观，培养准确运用规则的职业能力。

任务 7.1 脚手架

任务目标

- 熟悉脚手架清单项目的内容。
- 掌握脚手架清单工程量的计算规则。
- 能够编制脚手架的工程量清单。
- 遵守工程量清单编制的相关法律法规、规范的要求。

7.1.1 脚手架的常用清单项目

脚手架的常用清单项目见表 7-1。

表 7-1 脚手架的常用清单项目

项目编码	项目名称	项目特征	计量单位	工程量计算规则	工作内容
011701001	综合脚手架	1. 建筑结构形式 2. 檐口高度	m^2	按建筑面积计算	1. 场内、场外材料搬运 2. 搭、拆脚手架、斜道、上料平台 3. 安全网的铺设 4. 选择附墙点与主体连接 5. 测试电动装置、安全锁等 6. 拆除脚手架后材料的堆放
011701002	外脚手架	1. 搭设方式 2. 搭设高度 3. 脚手架材质	m^2	按所服务对象的垂直投影面积计算	1. 场内、场外材料搬运 2. 搭、拆脚手架、斜道、上料平台 3. 安全网的铺设 4. 拆除脚手架后材料的堆放
011701003	里脚手架				
011701006	满堂脚手架			按搭设的水平投影面积计算	

7.1.2 计算规则

（1）综合脚手架：按建筑面积计算。

（2）里、外脚手架：按所服务对象的垂直投影面积计算。

（3）满堂脚手架：按搭设的水平投影面积计算。

7.1.3 清单编制说明

（1）使用综合脚手架时，不再使用外脚手架、里脚手架等单项脚手架。

适用于：能够按“建筑面积计算规则”计算建筑面积的建筑工程脚手架。

不适用于：房屋加层、构筑物及附属工程脚手架。

（2）同一建筑物有不同檐高时，按建筑物竖向切面分别按不同檐高编列清单项目。

（3）整体提升架已包括 2m 高的防护架体设施。

（4）脚手架材质可以不描述，但应注明由投标人根据工程实际情况按照国家现行标准如《建筑施工扣件式钢管脚手架安全技术规范》(JGJ130)、《建筑施工附着升降脚手架管理暂行规定》(建建〔2000〕230 号）等规范自行确定。

（5）建筑物的檐口高度是指设计室外地坪至檐口滴水的高度（平屋顶系指屋面板底高度)，突出主体建筑物屋顶的电梯机房、楼梯出口间、水箱间、瞭望塔、排烟机房等不计入檐口高度。

任务 7.2 混凝土模板及支架（撑）

任务目标

- 熟悉混凝土模板及支架（撑）清单项目的内容。
- 掌握混凝土模板及支架（撑）清单工程量的计算规则。
- 能够编制混凝土模板及支架（撑）的工程量清单。
- 遵守工程量清单编制的相关法律法规、规范的要求。

7.2.1 混凝土模板及支架（撑）的常用清单项目

混凝土模板及支架（撑）的常用清单项目见表 7-2。

表 7-2 混凝土模板及支架（撑）的常用清单项目

项目编码	项目名称	项目特征	计量单位	工程量计算规则	工作内容
011702001	基础	基础类型	m^2	按模板与现浇混凝土构件的接触面积计算。 其他计算规则详见“7.2.2 计算规则”	1. 模板制作 2. 模板安装、拆除、整理堆放及场内外运输 3. 清理模板黏结物及模内杂物、刷隔离剂等
011702002	矩形柱		m^2		
011702003	构造柱		m^2		
011702005	基础梁	梁截面形状	m^2		

续表

项目编码	项目名称	项目特征	计量单位	工程量计算规则	工作内容
011702006	矩形梁	支撑高度	m^2	按模板与现浇混凝土构件的接触面积计算。 其他计算规则详见“7.2.2 计算规则”	1. 模板制作 2. 模板安装、拆除、整理堆放及场内外运输 3. 清理模板黏结物及模内杂物、刷隔离剂等
011702008	圈梁		m^2		
011702009	过梁		m^2		
011702014	有梁板	支撑高度	m^2		
011702023	雨篷、悬挑板、阳台板	1. 构件类型 2. 板厚度	m^2	按图示外挑部分尺寸的水平投影面积计算，挑出墙外的悬臂梁及板边不另外计算	
011702024	楼梯	类型	m^2	按楼梯（包括休息平台、平台梁、斜梁和楼层板的连接梁）的水平投影面积计算。 其他计算规则详见“7.2.2 计算规则”	
011702025	其他现浇构件	构件类型	m^2	按模板与现浇混凝土构件的接触面积计算	
011702027	台阶	台阶踏步宽	m^2	按图示台阶水平投影面积计算。 其他计算规则详见“7.2.2 计算规则”	
011702029	散水		m^2	按模板与散水的接触面积计算	

7.2.2 计算规则

1. 现浇混凝土基础、柱、梁、板

现浇混凝土基础、柱、梁、板按模板与现浇混凝土构件的接触面积计算。

（1）现浇钢筋混凝土墙、板单孔面积≤ $0.3m^2$ 的孔洞不予扣除，洞侧壁模板面积亦不增加；单孔面积 $>0.3m^2$ 的孔洞应予以扣除，洞侧壁模板面积并入墙、板工程量内计算。

（2）现浇框架分别按梁、板、柱的有关规定计算；附墙柱、暗梁、暗柱并入墙内工程量内计算。

（3）柱、梁、墙、板相互连接的重叠部分，均不计算模板面积。

（4）构造柱按图示外露部分计算模板面积。

2. 现浇混凝土雨篷、悬挑板、阳台板

现浇混凝土雨篷、悬挑板、阳台板按图示外挑部分尺寸的水平投影面积计算。挑出墙外的悬臂梁及板边不另外计算。

3. 现浇混凝土楼梯

现浇混凝土楼梯按楼梯（包括休息平台、平台梁、斜梁和楼层板的连接梁）的水平投影面积计算，如图 7-1 所示。

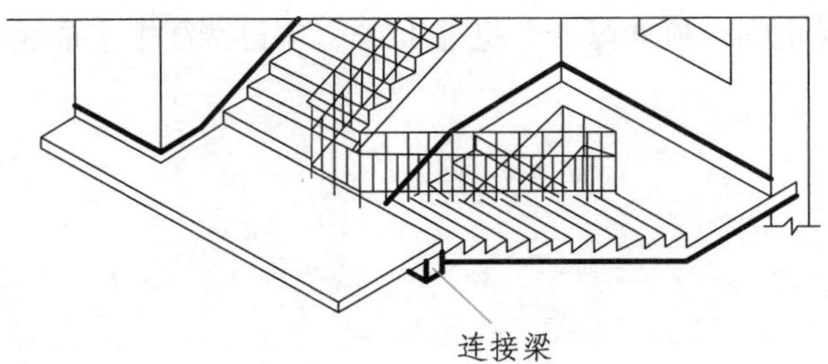

图 7-1 现浇混凝土楼梯

应注意：不扣除宽度≤500mm 的楼梯井所占面积；楼梯踏步、踏步板、平台梁等侧面模板不另外计算；伸入墙内部分亦不增加。

4. 台阶

台阶按图示台阶水平投影面积计算，如图 7-2 所示。计算公式为：

$$S_{台阶}=C\times D$$

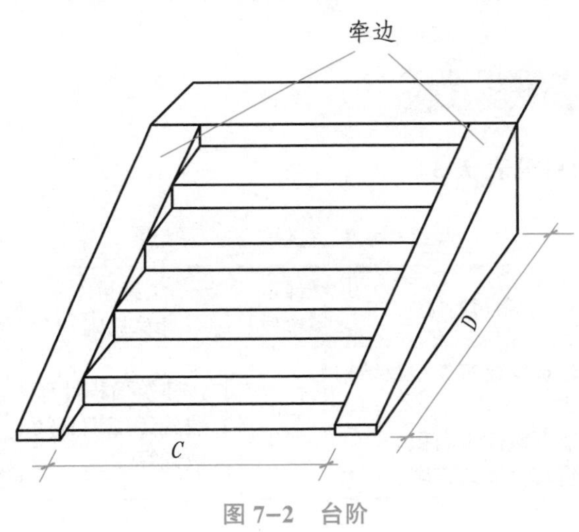

图 7-2 台阶

台阶端头两侧不另外计算模板面积。

架空式混凝土台阶，按现浇楼梯计算。

7.2.3 清单编制说明

（1）原槽浇灌的混凝土基础，不计算模板。

（2）混凝土模板及支架（撑）项目，只适用于以平方米计量，按模板与混凝土构件的接触面积计算。以立方米计量的模板及支架（撑），按混凝土及钢筋混凝土实体项目执行，其综合单价中应包含模板及支架（撑）。

（3）采用清水模板时，应在项目特征中注明。

（4）若现浇混凝土梁、板支撑高度超过 3.6m，项目特征中应描述支撑高度。

任务 7.3 垂直运输

任务目标

- 熟悉垂直运输清单项目的内容。
- 掌握垂直运输清单工程量的计算规则。
- 能够编制垂直运输的工程量清单。
- 遵守工程量清单编制的相关法律法规、规范的要求。

7.3.1 垂直运输的清单项目

垂直运输的清单项目见表 7–3。

表 7–3　垂直运输的清单项目

项目编码	项目名称	项目特征	计量单位	工程量计算规则	工作内容
011703001	垂直运输	1. 建筑物建筑类型及结构形式 2. 地下室建筑面积 3. 建筑物檐口高度、层数	1.m^2 2. 天	1. 按建筑面积计算 2. 按施工工期日历天数计算	1. 垂直运输机械的固定装置，基础制作、安装 2. 行走式垂直运输机械轨道的铺设、拆除、摊销

7.3.2 计算规则

垂直运输工程量的计算规则为：

（1）按建筑面积计算。

（2）按施工工期日历天数计算。

7.3.3 清单编制说明

（1）建筑物的檐口高度是指设计室外地坪至檐口滴水的高度（平屋顶系指屋面板底高度），突出主体建筑物屋顶的电梯机房、楼梯出口间、水箱间、瞭望塔、排烟机房等不计入檐口高度。

（2）垂直运输是指施工工程在合理工期内所需垂直运输机械。

（3）同一建筑物有不同檐高时，按建筑物的不同檐高做纵向分割，分别计算建筑面积，以不同檐高分别编码列项。

任务 7.4 超高施工增加

任务目标

- 熟悉超高施工增加清单项目的内容。
- 掌握超高施工增加清单工程量的计算规则。
- 能够编制超高施工增加的工程量清单。

7.4.1 超高施工增加的清单项目

超高施工增加的清单项目见表 7–4。

表 7–4 超高施工增加的清单项目

项目编码	项目名称	项目特征	计量单位	工程量计算规则	工作内容
011704001	超高施工增加	1. 建筑物建筑类型及结构形式 2. 建筑物檐口高度、层数 3. 单层建筑物檐口高度超过 20m，多层建筑物超过 6 层部分的建筑面积	m^2	按建筑物超高部分的建筑面积计算	1. 建筑物超高引起的人工工效降低以及由于人工工效降低引起的机械降效 2. 高层施工用水加压水泵的安装、拆除及工作台班 3. 通信联络设备的使用及摊销

7.4.2 计算规则

超高施工增加的工程量按建筑物超高部分的建筑面积计算。

7.4.3 清单编制说明

（1）建筑物的檐口高度是指设计室外地坪至檐口滴水的高度（平屋顶系指屋面板底高度），突出主体建筑物屋顶的电梯机房、楼梯出口间、水箱间、瞭望塔、排烟机房等不计

入檐口高度。

（2）单层建筑物檐口高度大于 20m 时，按其建筑面积计算超高施工增加。

（3）多层建筑物大于 6 层，以 7 层及以上楼层的建筑面积计算超高施工增加。

（4）计算层数时，地下室不计入层数。

（5）同一建筑物有不同檐高时，可按不同高度分别计算建筑面积，以不同檐高分别编码列项。

任务 7.5 安全文明施工

任务目标

- 熟悉安全文明施工清单项目的内容。
- 掌握安全文明施工清单工程量的计算规则。
- 能够编制安全文明施工的工程量清单。
- 遵守工程量清单编制的相关法律法规、规范的要求。

7.5.1 安全文明施工的清单项目

安全文明施工的清单项目见表 7–5。

表 7–5 安全文明施工的清单项目

项目编码	项目名称	工作内容及包含范围
011707001	安全文明施工	详见“7.5.2 工作内容及包含范围”

7.5.2 工作内容及包含范围

1. 环境保护

（1）现场施工机械设备降低噪声、防扰民措施。

（2）水泥和其他易飞扬细颗粒建筑材料密闭存放或采取覆盖措施等。

（3）工程防扬尘洒水。

（4）土石方、建渣外运车辆防护措施等。

（5）现场污染源的控制、生活垃圾清理外运、场地排水排污措施。

（6）其他环境保护措施。

2. 文明施工

（1）“五牌一图”，即工程概况牌、管理人员名单及监督电话牌、消防保卫牌、安全生产牌、文明施工牌和施工现场总平面图。

（2）现场围挡的墙面美化（包括内外粉刷、刷白、标语等）、压顶装饰。

（3）现场厕所便槽刷白、贴面砖，地面铺水泥砂浆或地砖，配备建筑物内临时便溺设施。

（4）其他施工现场临时设施的装饰装修、美化措施。

（5）现场生活卫生设施。

（6）符合卫生要求的饮水设备、淋浴、消毒等设施。

（7）生活用洁净燃料。

（8）防煤气中毒、防蚊虫叮咬等措施。

（9）施工现场操作场地的硬化。

（10）现场绿化、治安综合治理。

（11）现场配备医药保健器材、物品和急救人员培训。

（12）现场工人的防暑降温、电风扇、空调等设备及用电。

（13）其他文明施工措施。

3. 安全施工

（1）安全资料、特殊作业专项方案的编制，安全施工标志的购置及安全宣传。

（2）“三宝”（安全帽、安全带、安全网）、“四口”（楼梯口、电梯井口、通道口、预留洞口）、“五临边”（阳台围边、楼板围边、屋面围边、槽坑围边、卸料平台两侧），水平防护架、垂直防护架、外架封闭等防护。

（3）施工安全用电，包括配电箱三级配电、两级保护装置要求、外电防护措施。

（4）起重机、塔吊等起重设备（含井架、门架），外用电梯的安全防护措施（含警示标志）及卸料平台的临边防护、层间安全门、防护棚等设施。

（5）建筑工地起重机械的检验检测。

（6）施工机具防护棚及其围栏的安全保护设施。

（7）施工安全防护通道。

（8）工人的安全防护用品、用具购置。

（9）消防设施与消防器材的配置。

（10）电气保护、安全照明设施。

（11）其他安全防护措施。

4. 临时设施

（1）施工现场采用彩色、定形钢板，砖、混凝土砌块等围挡的安砌、维修、拆除。

（2）施工现场临时建筑物、构筑物的搭设、维修、拆除，如临时宿舍、办公室，食堂、厨房、厕所、诊疗所，临时文化福利用房、临时仓库、加工场、搅拌台、临时简易水塔、水池等。

（3）施工现场临时设施的搭设、维修、拆除，如临时供水管道、临时供电管线、小型临时设施等。

（4）施工现场规定范围内临时简易道路的铺设，临时排水沟、排水设施的安砌、维修、拆除。

（5）其他临时设施的搭设、维修、拆除。

任务 7.6 建筑面积

任务目标

- 熟悉《建筑工程建筑面积计算规范》（GB/T 50353-2013）的相关内容。
- 掌握《建筑工程建筑面积计算规范》（GB/T 50353-2013）的计算规则。
- 能够计算建筑面积。
- 遵守建筑面积计算规范的相关要求。

7.6.1 与建筑面积有关的术语

（1）建筑面积：建筑物（包括墙体）所形成的楼地面面积。

说明：包括附属于建筑物的室外阳台、雨篷、檐廊、室外走廊、室外楼梯等。

（2）自然层：按楼地面结构分层的楼层。

（3）结构层高：楼面或地面结构层上表面至上部结构层上表面之间的垂直距离。

（4）围护结构：围合建筑空间的墙体、门、窗。

（5）建筑空间：以建筑界面限定的、供人们生活和活动的场所。

说明：具备可出入、可利用条件（设计中可能标明了使用用途，也可能没有标明使用用途或使用用途不明确）的围合空间，均属于建筑空间。

（6）结构净高：楼面或地面结构层上表面至上部结构层下表面之间的垂直距离。

（7）围护设施：为保障安全而设置的栏杆、栏板等围挡。

（8）地下室：室内地平面低于室外地平面的高度超过室内净高的 1/2 的房间。

（9）半地下室：室内地平面低于室外地平面的高度超过室内净高的 1/3，且不超过 1/2 的房间。

（10）架空层：仅有结构支撑而无外围护结构的开敞空间层。

（11）走廊：建筑物中的水平交通空间。

（12）架空走廊：专门设置在建筑物的二层或二层以上，作为不同建筑物之间水平交通的空间。

（13）结构层：整体结构体系中承重的楼板层。

说明：特指整体结构体系中承重的楼层，包括板、梁等构件。结构层承受整个楼层的全部荷载，并对楼层的隔声、防火等起主要作用。

（14）落地橱窗：突出外墙面且根基落地的橱窗。

说明：指在商业建筑临街面设置的下槛落地、可落在室外地坪也可落在室内首层地板，用来展览各种样品的玻璃窗。

（15）凸窗（飘窗）：凸出建筑物外墙面的窗户。

说明：凸窗（飘窗）作为窗，有别于楼（地）板的延伸，也就是不能把楼（地）板延伸出去的窗称为凸窗（飘窗）。凸窗（飘窗）的窗台应只是墙面的一部分且距（楼）地面应有一定的高度。

（16）檐廊：建筑物挑檐下的水平交通空间。

说明：指附属于建筑物底层外墙有屋檐作为顶盖，其下部一般有柱或栏杆、栏板等的水平交通空间。

（17）挑廊：挑出建筑物外墙的水平交通空间。

（18）门斗：建筑物入口处两道门之间的空间。

（19）雨篷：建筑出入口上方为遮挡雨水而设置的部件。

说明：指建筑物出入口上方、凸出墙面、为遮挡雨水而单独设立的建筑部件。雨篷划分为有柱雨篷（包括独立柱雨篷、多柱雨篷、柱墙混合支撑雨篷、墙支撑雨篷）和无柱雨篷（悬挑雨篷）。如凸出建筑物，且不单独设立顶盖，利用上层结构板（如楼板、阳台底板）进行遮挡，则不视为雨篷，不计算建筑面积。对于无柱雨篷，如顶盖高度达到或超过两个楼层，也不视为雨篷，不计算建筑面积。

（20）门廊：建筑物入口前有顶棚的半围合空间。

说明：指在建筑物出入口，无门、三面或二面有墙，上部有板（或借用上部楼板）围

护的部位。

（21）楼梯：由连续行走的梯级、休息平台和维护安全的栏杆（或栏板）、扶手以及相应的支托结构组成的作为楼层之间垂直交通使用的建筑部件。

（22）阳台：附设于建筑物外墙，设有栏杆或栏板，可供人活动的室外空间。

（23）主体结构：接受、承担和传递建设工程所有上部荷载，维持上部结构整体性、稳定性和安全性的有机联系的构造。

（24）变形缝：防止建筑物在某些因素作用下引起开裂甚至破坏而预留的构造缝。

说明：指在建筑物因温差、不均匀沉降以及地震而可能引起结构破坏变形的敏感部位或其他必要的部位，预先设缝将建筑物断开，令断开后建筑物的各部分成为独立的单元，或者是划分为简单、规则的段，并令各段之间的缝达到一定的宽度，以能够适应变形的需要。根据外界破坏因素的不同，变形缝一般分为伸缩缝、沉降缝、抗震缝三种。

（25）骑楼：建筑底层沿街面后退且留出公共人行空间的建筑物。

说明：指沿街二层以上用承重柱支撑骑跨在公共人行空间之上，其底层沿街面后退的建筑物。

（26）过街楼：跨越道路上空并与两边建筑相连接的建筑物。

说明：指当有道路在建筑群穿过时，为保证建筑物之间的功能联系，设置跨越道路上空使两边建筑相连接的建筑物。

（27）建筑物通道：为穿过建筑物而设置的空间。

（28）露台：设置在屋面、首层地面或雨篷上的供人室外活动的有围护设施的平台。

说明：露台应满足四个条件。一是位置，设置在屋面、地面或雨篷顶；二是可出入，三是有围护设施；四是无盖。这四个条件须同时满足。如果设置在首层并有围护设施的平台，且其上层为同体量阳台，则该平台应视为阳台，按阳台的规则计算建筑面积。

（29）勒脚：在房屋外墙接近地面部位设置的饰面保护构造。

（30）台阶：联系室内外地坪或同楼层不同标高而设置的阶梯形踏步。

说明：指建筑物出入口不同标高地面或同楼层不同标高处设置的供人行走的阶梯式连接构件。室外台阶还包括与建筑物出入口连接处的平台。

7.6.2 计算建筑面积的规定

（1）建筑物的建筑面积应按自然层外墙结构外围水平面积之和计算。结构层高在2.20m及以上的，应计算全面积；结构层高在2.20m以下的，应计算1/2面积。

说明：在主体结构内形成的建筑空间，满足计算面积结构层高要求的，均应按此规定计算建筑面积。主体结构外的室外阳台、雨篷、檐廊、室外走廊、室外楼梯等按相应条款计算建筑面积。当外墙结构本身在一个层高范围内不等厚时，以楼地面结构标高处的外围水平面积计算。

（2）建筑物内设有局部楼层时，对于局部楼层的二层及以上楼层，有围护结构的，应按其围护结构外围水平面积计算；无围护结构的，应按其结构底板水平面积计算。结构层高在 2.20m 及以上的，应计算全面积；结构层高在 2.20m 以下的，应计算 1/2 面积。

说明：建筑物内的局部楼层如图 7-3 所示。

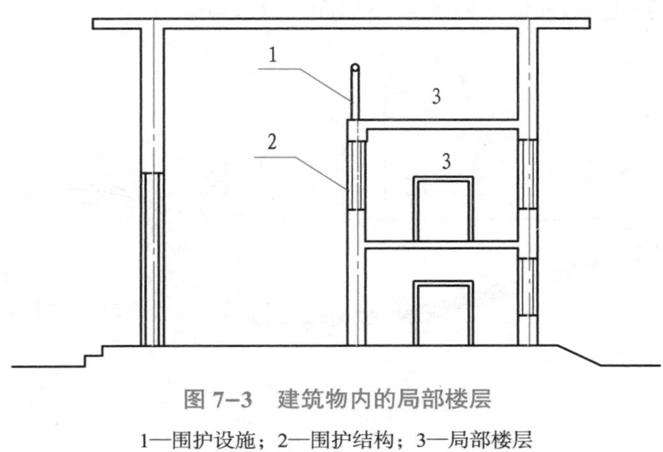

图 7-3　建筑物内的局部楼层

1—围护设施；2—围护结构；3—局部楼层

（3）形成建筑空间的坡屋顶，结构净高在 2.10m 及以上的部位，应计算全面积；结构净高在 1.20m 及以上至 2.10m 以下的部位，应计算 1/2 面积；结构净高在 1.20m 以下的部位，不应计算建筑面积。

（4）场馆看台下的建筑空间，结构净高在 2.10m 及以上的部位，应计算全面积；结构净高在 1.20m 及以上至 2.10m 以下的部位，应计算 1/2 面积；结构净高在 1.20m 以下的部位，不应计算建筑面积。室内单独设置的有围护设施的悬挑看台，应按看台结构底板水平投影面积计算建筑面积。有顶盖无围护结构的场馆看台，应按其顶盖水平投影面积的 1/2 计算面积。

说明：场馆看台下的建筑空间因其上部结构多为斜板，所以采用净高的尺寸划定建筑面积的计算范围和对应规则。室内单独设置的有围护设施的悬挑看台，因其看台上部设有顶盖且可供人使用，所以按看台板的结构底板水平投影计算建筑面积。“有顶盖无围护结构的场馆看台”中所称的“场馆”为专业术语，指各种“场”类建筑，如体育场、足球场、网球场、带看台的风雨操场等。

（5）地下室、半地下室应按其结构外围水平面积计算。结构层高在 2.20m 及以上的，应计算全面积；结构层高在 2.20m 以下的，应计算 1/2 面积。

说明：地下室作为设备、管道层按《建筑工程建筑面积计算规范》（GB/T 50353-

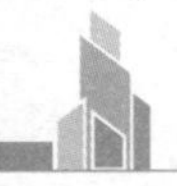

2013）第 26 条执行，地下室的各种竖向井道按该规范第 19 条执行，地下室的围护结构不垂直于水平面的按该规范第 18 条规定执行。

（6）出入口外墙外侧坡道有顶盖的部位，应按其外墙结构外围水平面积的 1/2 计算面积。

说明：出入口坡道分有顶盖出入口坡道和无顶盖出入口坡道，出入口坡道顶盖的挑出长度，为顶盖结构外边线至外墙结构外边线的长度；顶盖以设计图纸为准，对后增加及建设单位自行增加的顶盖等，不计算建筑面积。顶盖不分材料种类（如钢筋混凝土顶盖、彩钢板顶盖、阳光板顶盖等）。地下室出入口如图 7-4 所示。

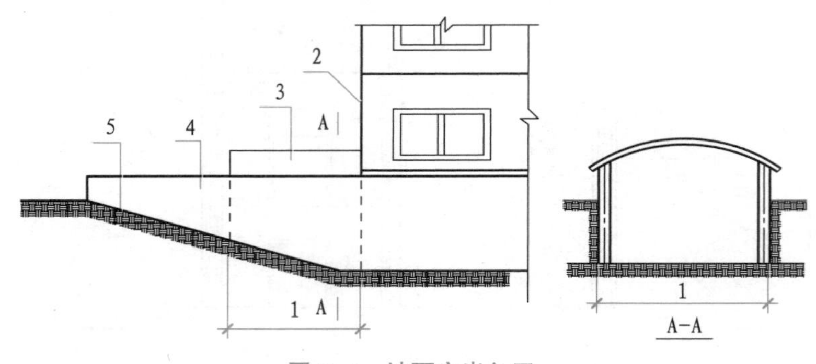

图 7-4　地下室出入口

1—计算 1/2 投影面积部位；2—主体建筑；3—出入口顶盖；4—封闭出入口侧墙；5—出入口坡道

（7）建筑物架空层及坡地建筑物吊脚架空层，应按其顶板水平投影计算建筑面积。结构层高在 2.20m 及以上的，应计算全面积；结构层高在 2.20m 以下的，应计算 1/2 面积。

说明：该规定既适用于建筑物吊脚架空层、深基础架空层建筑面积的计算，也适用于目前部分住宅、学校教学楼等工程在底层架空或在二楼或以上某个甚至多个楼层架空，作为公共活动、停车、绿化等空间的建筑面积的计算。架空层中有围护结构的建筑空间按相关规定计算。建筑物吊脚架空层如图 7-5 所示。

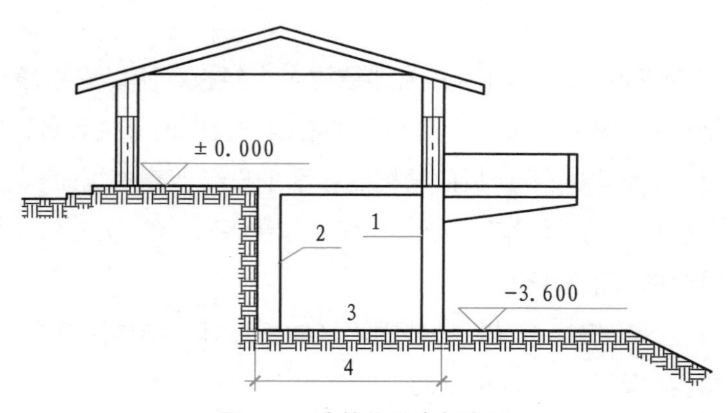

图 7-5　建筑物吊脚架空层

1—柱；2—墙；3—吊脚架空层；4—计算建筑面积部位

（8）建筑物的门厅、大厅应按一层计算建筑面积，门厅、大厅内设置的走廊应按走廊结构底板水平投影面积计算建筑面积。结构层高在 2.20m 及以上的，应计算全面积；结构层高在 2.20m 以下的，应计算 1/2 面积。

（9）建筑物间的架空走廊，有顶盖和围护结构的，应按其围护结构外围水平面积计算全面积；无围护结构、有围护设施的，应按其结构底板水平投影面积计算 1/2 面积。

说明：无围护结构的架空走廊如图 7–6 所示；有围护结构的架空走廊如图 7–7 所示。

图 7–6 无围护结构的架空走廊

1—栏杆；2—架空走廊

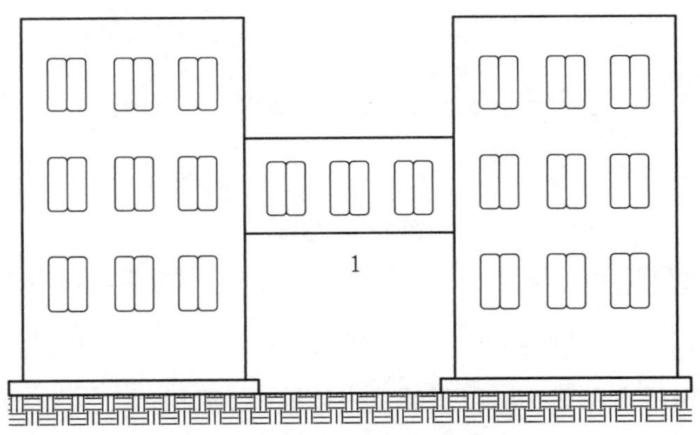

图 7–7 有围护结构的架空走廊

1—架空走廊

（10）立体书库、立体仓库、立体车库，有围护结构的，应按其围护结构外围水平面积计算建筑面积；无围护结构、有围护设施的，应按其结构底板水平投影面积计算建筑面积。无结构层的，应按一层计算；有结构层的，应按其结构层面积分别计算。结构层高在 2.20m 及以上的，应计算全面积；结构层高在 2.20m 以下的，应计算 1/2 面积。

说明：这里主要规定了图书馆中的立体书库、仓储中心的立体仓库、大型停车场的立体车库等建筑的建筑面积计算规则。起局部分隔、存储等作用的书架层、货架层或可升降

的立体钢结构停车层均不属于结构层，故该部分分层不计算建筑面积。

（11）有围护结构的舞台灯光控制室，应按其围护结构外围水平面积计算建筑面积。结构层高在 2.20m 及以上的，应计算全面积；结构层高在 2.20m 以下的，应计算 1/2 面积。

（12）附属在建筑物外墙的落地橱窗，应按其围护结构外围水平面积计算建筑面积。结构层高在 2.20m 及以上的，应计算全面积；结构层高在 2.20m 以下的，应计算 1/2 面积。

（13）窗台与室内楼地面高差在 0.45m 以下且结构净高在 2.10m 及以上的凸（飘）窗，应按其围护结构外围水平面积计算 1/2 面积。

（14）有围护设施的室外走廊（挑廊），应按其结构底板水平投影面积计算 1/2 面积；有围护设施（或柱）的檐廊，应按其围护设施（或柱）外围水平面积计算 1/2 面积。

说明：檐廊如图 7-8 所示。

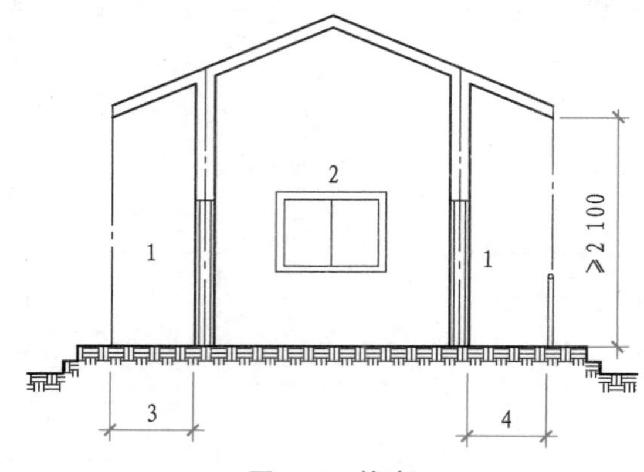

图 7-8　檐廊

1—檐廊；2—室内；3—不计算建筑面积部位；4—计算 1/2 建筑面积部位

（15）门斗应按其围护结构外围水平面积计算建筑面积。结构层高在 2.20m 及以上的，应计算全面积；结构层高在 2.20m 以下的，应计算 1/2 面积。

说明：门斗如图 7-9 所示。

（16）门廊应按其顶板的水平投影面积的 1/2 计算建筑面积；有柱雨篷的，应按其结构板水平投影面积的 1/2 计算建筑面积；无柱雨篷的，结构外边线至外墙结构外边线的宽度在 2.10m 及以上的，应按雨篷结构板的水平投影面积的 1/2 计算建筑面积。

说明：雨篷分为有柱雨篷和无柱雨篷。有柱雨篷，没有出挑宽度的限制，也不受跨越层数的限制，均计算建筑面积。无柱雨篷，其结构板不能跨层，并受出挑宽度的限制，设计出挑宽度大于或等于 2.10m 时才计算建筑面积。出挑宽度，系指雨篷结构外边线至外墙结构外边线的宽度，弧形或异形时，取最大宽度。

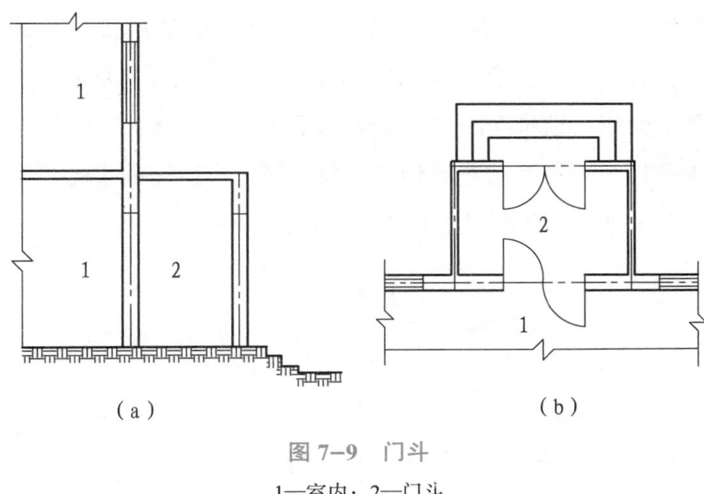

图 7–9 门斗

1—室内；2—门斗

（17）设在建筑物顶部的、有围护结构的楼梯间、水箱间、电梯机房等，结构层高在 2.20m 及以上的，应计算全面积；结构层高在 2.20m 以下的，应计算 1/2 面积。

（18）围护结构不垂直于水平面的楼层，应按其底板面的外墙外围水平面积计算建筑面积。结构净高在 2.10m 及以上的部位，应计算全面积；结构净高在 1.20m 及以上至 2.10m 以下的部位，应计算 1/2 面积；结构净高在 1.20m 以下的部位，不计算建筑面积。

说明：《建筑工程建筑面积计算规范》（GB/T 50353–2005）条文中仅对围护结构向外倾斜的情况进行了规定，修订后的条文对于向内、向外倾斜均适用。在划分高度上，这里使用的是“结构净高”，与其他正常平楼层按层高划分不同，但与斜屋面的划分原则一致。由于目前很多建筑设计追求新、奇、特，造型越来越复杂，很多时候无法明确区分围护结构与屋顶，因此对于斜围护结构与斜屋顶采用相同的计算规则，即只要外壳倾斜，就按结构净高划段，分别计算建筑面积。斜围护结构如图 7–10 所示。

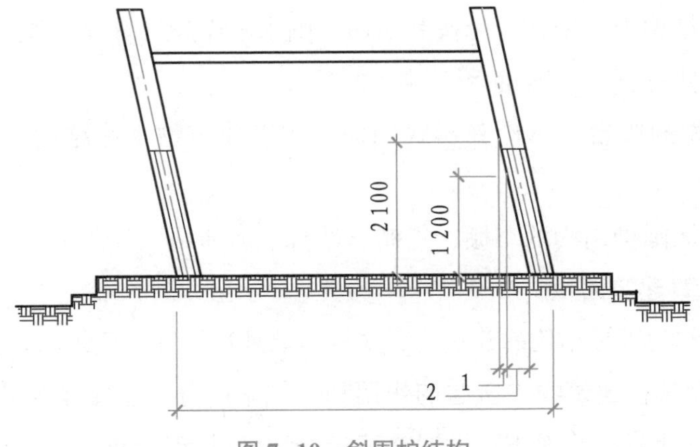

图 7–10 斜围护结构

1—计算 1/2 建筑面积部位；2—不计算建筑面积部位

（19）建筑物的室内楼梯、电梯井、提物井、管道井、通风排气竖井、烟道，应并入建筑物的自然层计算建筑面积。有顶盖的采光井，应按一层计算面积，结构净高在 2.10m 及以上的，应计算全面积；结构净高在 2.10m 以下的，应计算 1/2 面积。

说明：建筑物的楼梯间层数按建筑物的层数计算。有顶盖的采光井包括建筑物中的采光井和地下室采光井。地下室采光井如图 7-11 所示。

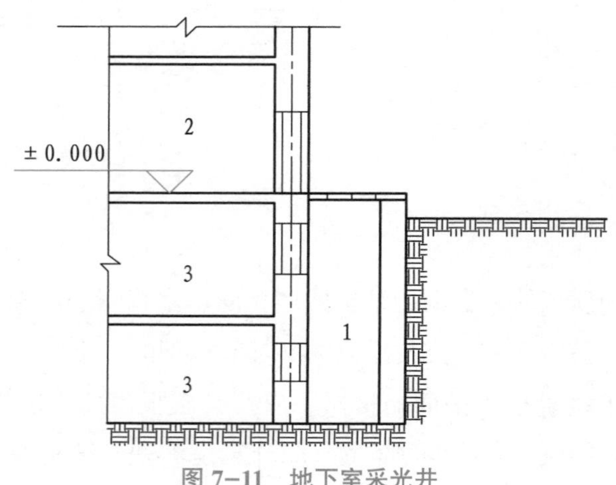

图 7-11　地下室采光井

1—采光井；2—室内；3—地下室

（20）室外楼梯应并入所依附建筑物自然层，并应按其水平投影面积的 1/2 计算建筑面积。

说明：室外楼梯作为连接该建筑物层与层之间交通不可缺少的基本部件，无论是从其功能还是按工程计价的要求来说，均需计算建筑面积。层数为室外楼梯所依附的楼层数，即梯段部分投影到建筑物范围的层数。利用室外楼梯下部的建筑空间不得重复计算建筑面积；利用地势砌筑的为室外踏步，不计算建筑面积。

（21）在主体结构内的阳台，应按其结构外围水平面积计算全面积；在主体结构外的阳台，应按其结构底板水平投影面积计算 1/2 面积。

说明：建筑物的阳台，不论其形式如何，均以建筑物主体结构为界分别计算建筑面积。

（22）有顶盖无围护结构的车棚、货棚、站台、加油站、收费站等，应按其顶盖水平投影面积的 1/2 计算建筑面积。

（23）以幕墙作为围护结构的建筑物，应按幕墙外边线计算建筑面积。

说明：幕墙以其在建筑物中所起的作用和功能来区分，直接作为外墙起围护作用的幕墙，按其外边线计算建筑面积；设置在建筑物墙体外起装饰作用的幕墙，不计算建筑面积。

（24）建筑物的外墙外保温层，应按其保温材料的水平截面积计算，并计入自然层建筑面积。

说明：为贯彻国家节能要求，鼓励建筑外墙采取保温措施，《建筑工程建筑面积计算规范》（GB/T 50353-2013）将保温材料的厚度计入建筑面积，但计算方法较2005年的规范有一定变化。建筑物外墙外侧有保温隔热层的，保温隔热层以保温材料的净厚度乘以外墙结构外边线长度按建筑物的自然层计算建筑面积，其外墙外边线长度不扣除门窗和建筑物外已计算建筑面积构件（如阳台、室外走廊、门斗、落地橱窗等部件）所占长度。当建筑物外已计算建筑面积的构件（如阳台、室外走廊、门斗、落地橱窗等部件）有保温隔热层时，其保温隔热层也不再计算建筑面积。外墙是斜面者，按楼面楼板处的外墙外边线长度乘以保温材料的净厚度计算。外墙外保温以沿高度方向满铺为准，某层外墙外保温铺设高度未达到全部高度时（不包括阳台、室外走廊、门斗、落地橱窗、雨篷、飘窗等），不计算建筑面积。保温隔热层的建筑面积是以保温隔热材料的厚度来计算的，不包含抹灰层、防潮层、保护层（墙）的厚度。建筑外墙外保温如图7-12所示。

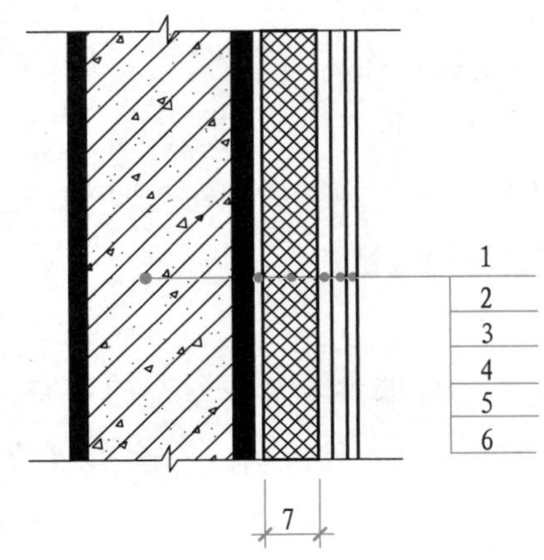

图7-12　建筑外墙外保温

1—墙体；2—黏结胶浆；3—保温材料；4—标准网；5—加强网；
6—抹面胶浆；7—计算建筑面积部位

（25）与室内相通的变形缝，应按其自然层合并在建筑物建筑面积内计算。对于高低联跨的建筑物，当高低跨内部连通时，其变形缝应计算在低跨面积内。

说明：这里所指的与室内相通的变形缝，是指暴露在建筑物内，在建筑物内可以看得见的变形缝。

（26）对于建筑物内的设备层、管道层、避难层等有结构层的楼层，结构层高在2.20m及以上的，应计算全面积；结构层高在2.20m以下的，应计算1/2面积。

说明：虽然设备层、管道层的具体功能与普通楼层不同，但在结构及施工消耗上它们并无本质区别，且这里定义的自然层为“按楼地面结构分层的楼层”，因此设备、管道楼层归为自然层，其计算规则与普通楼层相同。在吊顶空间内设置管道的，吊顶空间部分不能被视为设备层、管道层。

（27）下列项目不应计算建筑面积：

1）与建筑物内不相连通的建筑部件。

2）骑楼、过街楼底层的开放公共空间和建筑物通道。

3）舞台及后台悬挂幕布和布景的天桥、挑台等。

4）露台、露天游泳池、花架、屋顶的水箱及装饰性结构构件。

5）建筑物内的操作平台、上料平台、安装箱和罐体的平台。

6）勒脚、附墙柱、垛、台阶、墙面抹灰、装饰面、镶贴块料面层、装饰性幕墙，主体结构外的空调室外机搁板（箱）、构件、配件，挑出宽度在 2.10m 以下的无柱雨篷和顶盖高度达到或超过两个楼层的无柱雨篷。

7）窗台与室内地面高差在 0.45m 以下且结构净高在 2.10m 以下的凸（飘）窗，窗台与室内地面高差在 0.45m 及以上的凸（飘）窗。

8）室外爬梯、室外专用消防钢楼梯。

9）无围护结构的观光电梯。

10）建筑物以外的地下人防通道，独立的烟囱、烟道、地沟、油（水）罐、气柜、水塔、贮油（水）池、贮仓、栈桥等构筑物。

说明：

1）这里指的是依附于建筑物外墙外不与户室开门连通，起装饰作用的敞开式挑台（廊）、平台，以及不与阳台相通的空调室外机搁板（箱）等设备平台部件。

2）骑楼如图 7–13 所示。

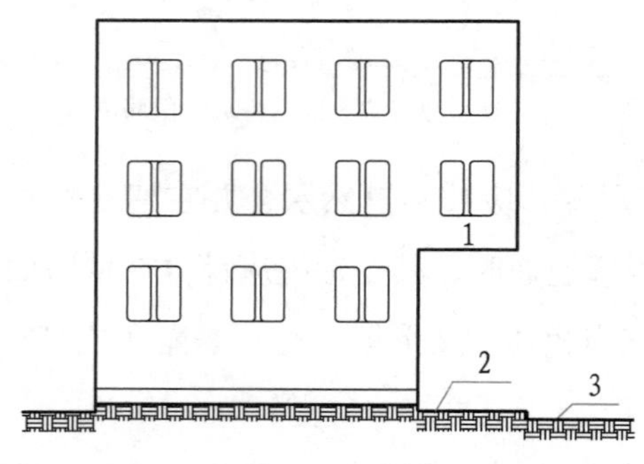

图 7–13　骑楼

1—骑楼；2—人行道；3—街道

3）过街楼如图 7-14 所示。

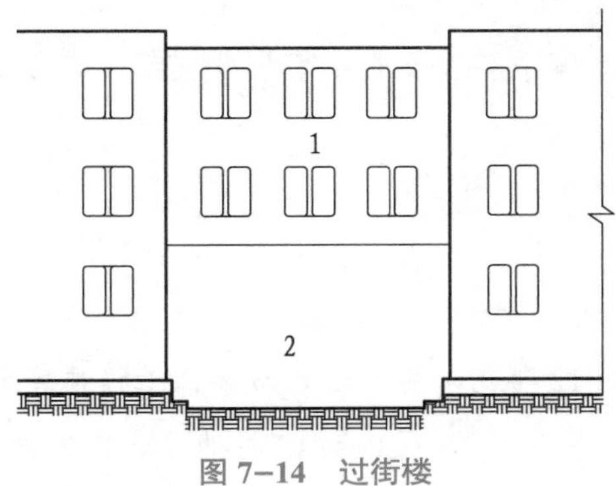

图 7-14　过街楼

1—过街楼；2—建筑物通道

4）这里指的是影剧院的舞台及为舞台服务的可供上人维修、悬挂幕布、布置灯光及布景等搭设的天桥和挑台等构件设施。

5）建筑物内不构成结构层的操作平台、上料平台（包括工业厂房、搅拌站和料仓等建筑中的设备操作控制平台、上料平台等），其主要为室内构筑物或设备服务的独立上人设施，因此不计算建筑面积。

6）附墙柱是指非结构性装饰柱。

7）室外钢楼梯需要区分具体用途。如果是专用于消防的楼梯，则不计算建筑面积；如果是建筑物唯一通道，兼用于消防，则需要按规定计算建筑面积。

项目实训

实训主题

一、工程概况

某食堂为框架结构，施工图详见本书附录。基础为钢筋混凝土带形（条形）基础，垫层为素混凝土；框架结构的非承重砌体墙（包括基础砖墙）采用标准砖，M7.5 水泥砂浆砌筑；门窗洞口均设置过梁，过梁宽度同墙厚，高度为 200mm，长度为洞口两侧各加 150mm；所有轴线与中心线的偏心距离均为 120mm。女儿墙厚为 240mm，其构造柱截面尺寸为 240mm×240mm，共 14 根，混凝土压顶截面尺寸：宽为 300mm，高为 100mm。

混凝土基础、框架柱、框架梁、过梁、板等模板均为组合钢模板，混凝土构造柱、女儿墙压顶、散水等模板均为复合木模板，混凝土垫层、台阶等模板均为木模板。

计划工期为60天。

台阶（无台基）和混凝土散水施工做法详见项目2的“实训主题”。

试计算建筑面积并编制脚手架、混凝土模板及支架（撑）、垂直运输、安全文明施工的工程量清单与计价。

二、清单计价编制说明

（一）编制依据

（1）定额采用北京市2012年的《房屋建筑与装饰工程预算定额》；

（2）人工、材料、机械单价采用2020年12月的《北京工程造价信息》（以下简称信息价），没有信息价的采用市场价格（以下简称市场价），人工、材料、机械单价详见表7-6。

表7-6　人工、材料、机械单价

序号	名称及规格	单位	不含增值税的市场价（元）
一	人工类别		
1	综合工日（870002）	工日	122
二	材料类别		
1	板方材	m^3	1 638
2	对拉螺栓　M14	m	8.45
3	柴油	kg	5.51
4	钢筋混凝土基础	m^3	2 075.6
5	复合木模板	m^2	30.32
6	组合钢模板	m^2·日	1.95
三	机械类别		
1	电动提升机	台班	138.75
2	汽车起重机　16t	台班	783.39
3	载重汽车　15t	台班	1 647.7
4	塔式起重机　100T.M	台班	515.92

（二）措施项目费

总价措施费均采用费率计算法，本实训只计取安全文明施工费。

安全文明施工费以北京市的相关规定为例：以分部分项工程和单价措施项目中的人工费和机械费之和为计算基数。以《北京市建设工程安全文明施工费费用标准（2020版）》（京建发〔2020〕316号）为例，安全生产标准化管理目标等级为“达标”的相关费率如下：环境保护为4.25%，文明施工为4.75%，安全施工为4.72%，临时设施为7.69%，合计21.41%。

（三）其他项目费

无其他项目费。

（四）相关费率和税率

（1）企业管理费费率采用北京市现行标准，执行“单层建筑、其他”类的费率，为8.4%。

（2）利润费率采用北京市的利润费率标准，为 7%。

（3）社会保险费和住房公积金费率执行北京市现行的费率标准。社会保险费包括基本医疗保险基金、基本养老保险费、失业保险基金、工伤保险基金、残疾人就业保险金、生育保险六项，费率为 13.79%。住房公积金费率为 5.97%。

（4）税金执行现行的增值税税率标准，为 9%。

实训分析

1. 读图、识图

建筑面积计算的主要依据是建筑施工图，措施项目工程量计算的主要依据是建筑施工图、结构施工图。本工程涉及的措施项目有脚手架、现浇构件模板及支架（撑）、垂直运输等。

2. 清单工程量计算分析

（1）混凝土垫层和基础的模板及支架（撑）。

1）由本实训的基础平面图及断面图可知，所有轴线与中心线均不重合且偏差 60mm，因此在计算外墙基础和垫层中心线长度时，需要考虑轴线与中心线的偏差情况。

计算外墙基础和垫层中心线长度时，可以采用移动轴线拼成矩形的方法。

2）需要扣除外墙基础（或垫层）与内墙基础（或垫层）的重叠部分面积。

3）在《房屋建筑与装饰工程工程量计算规范》（GB 50854-2013）附录 S 措施项目的“S.2 混凝土模板及支架（撑）”中无列项的，全部按“011702025 其他现浇构件”编码列项，如混凝土基础垫层的模板及支架（撑）清单项目。

（2）混凝土框架柱的模板及支架（撑）。

1）由本实训的框架柱表可知柱高为：

$$4.1-(-1.7)=5.8\ (\text{m})$$

2）框架柱四个侧面均为模板接触面。

3）需要扣除与梁、板相互连接的重叠部分面积。

（3）混凝土框架梁的模板及支架（撑）。

1）计算框架梁长度时，均应扣除框架柱所占的长度。

2）框架梁的底面与两个侧面均为模板接触面。

3）需要扣除与板相互连接的重叠部分面积。

4）支撑高度 = 层高 − 梁高 = 4.1 − 梁高。

（4）混凝土过梁的模板及支架（撑）。

1）洞口上方的过梁底面与两个侧面均为模板接触面。

2）洞口两侧的过梁（即 150mm 长）只有两个侧面为模板接触面。

（5）混凝土板的模板及支架（撑）。

1）由本实训的屋面框架梁平面图可知，板为有梁板，因此只有板底面为模板接触面。

2）支撑高度 = 层高 − 板厚 = 4.1 − 0.18 = 3.92（m）。

（6）混凝土压顶的模板及支架（撑）。

1）由本实训的屋面平面图及外墙大样图可知，所有轴线与混凝土压顶中心线均不重合，偏差为：240 −（300 ÷ 2）= 90（mm），因此在计算混凝土压顶中心线长度时，需要考虑轴线与中心线的偏差情况。

计算混凝土压顶中心线长度时，可以采用移动轴线拼成矩形的方法。

2）压顶的部分底面（宽为 0.3 − 0.24 = 0.06m）与两个侧面均为模板接触面。

（7）台阶的模板及支架（撑）。

台阶水平投影面积不包括台阶牵边。

（8）混凝土散水的模板及支架（撑）。

1）计算散水中心线长度时应减去台阶所占的长度。

2）模板与散水的接触面为散水的两个侧面。

（9）脚手架、垂直运输、超高施工增加。

1）脚手架：本实训属于新建工程，且能够按“建筑面积计算规则”计算建筑面积，所以使用综合脚手架清单项目，不再使用外脚手架、里脚手架等单项脚手架。

2）垂直运输：按建筑面积计算费用。

3）超高施工增加：本实训属于单层建筑物，且檐口高度 <20m，所以不计超高施工增加费。

4）本实训建筑物为平屋顶，因此其檐口高度是指设计室外地坪至屋面板底的高度，即：

4.1<板顶标高> − 0.18<板厚> −（− 0.4）<室外地坪设计标高> = 4.32（m）

3. 清单计价分析

（1）有些措施项目的定额子目费用为每天的费用，其定额工程量需要乘以使用工期。以北京市 2012 年的《房屋建筑与装饰工程预算定额》为例，“综合脚手架 单层建筑 檐高

6m 以下 租赁（17－2）”的定额费用为每天的费用，其定额工程量为脚手架搭拆工程量乘以使用工期。

（2）安全文明施工费按国家或省级、行业建设主管部门发布的相关规定计算。以北京市为例，是以单位工程的分部分项工程和单价措施项目中的人工费和机械费之和为计算基数。

（3）人工、材料、机械单价、分部分项工程费、社会保险费和住房公积金、税金等相关内容与项目 1 的“实训分析”相同，此处不再赘述。

实训内容

一、编制工程量清单

步骤 1 计算建筑面积。

将建筑平面划分成多个矩形（或其他形状）计算建筑面积时，墙厚只能划分到某个形状中，这样可以避免重复计算或者漏算。

由建筑平面图可知，可以先将本实训的建筑平面划分为两个矩形：（A–C）轴 ×（1–5）轴，（C–D）轴 ×（1–2）轴，然后再减去矩形（B–C）轴 ×（3–4）轴。

1. 计算（A–C）轴 ×（1–5）轴的矩形建筑面积

$$(16.8+0.24\times2)\times(5.6+0.24\times2)=105.06\ (\mathrm{m}^2)$$

说明：将 A 轴、B 轴、C 轴、1 轴、3 轴、4 轴、5 轴的墙划分在本矩形内。

2. 计算（C–D）轴 ×（1–2）轴的矩形建筑面积

$$2\times(4.2+0.12+0.24)=9.12\ (\mathrm{m}^2)$$

说明：将 D 轴、1 轴、2 轴的墙划分在本矩形内。

3. 计算（B–C）轴 ×（3–4）轴的矩形建筑面积

$$1.8\times(4.2-0.24\times2)=6.7\ (\mathrm{m}^2)$$

说明：本矩形是由 B 轴、C 轴、3 轴、4 轴的外墙外边线所围成。

则本实训的建筑面积为：

$$105.06+9.12-6.7=107.48\ (\mathrm{m}^2)$$

因此，脚手架、垂直运输的清单工程量均为 107.48m²。

步骤 2 计算混凝土基础和垫层的模板及支架（撑）清单工程量。

1. 计算外墙基础和垫层的模板及支架（撑）清单工程量

（1）计算外墙基础和垫层的模板接触面长度。

1）由本实训的基础平面图及断面图可知，所有轴线均与中心线偏差 0.06m，需要考

虑轴线与中心线的偏差情况，因此外墙基础和垫层的中心线长度为：

$(16.8+0.06\times2)\times2+(7.6+0.06\times2)\times2+1.8\times2=52.88$（m）

2）计算外墙基础垫层的模板接触面长度。

外墙基础垫层与内墙基础垫层的重叠长度为：

$(1.3+0.1\times2)\times4=6$（m）

因此，外墙基础垫层的模板接触面长度为：

$52.88\times2-6=99.76$（m）

3）计算外墙基础的模板接触面长度。

外墙基础与内墙基础的重叠长度为：

$1.3\times4=5.2$（m）

因此，外墙基础的模板接触面长度为：

$52.88\times2-5.2=100.56$（m）

（2）计算外墙基础和垫层的模板接触面积。

由本实训的断面图可知：

1）外墙基础垫层的模板接触面积为：

$99.76\times0.1=9.98$（m^2）

2）外墙基础的模板接触面积为：

$100.56\times0.5=50.28$（m^2）

2. 计算内墙基础和垫层的模板及支架（撑）清单工程量

（1）计算内墙基础和垫层的模板接触面长度。

由本实训的基础平面图及断面图可知，内墙基础（或垫层）净长线就是内墙基础轴线间距减去外墙基础（或垫层）靠近内墙一侧的基础（或垫层）宽度。

1）计算内墙基础垫层的模板接触面长度。

计算内墙基础垫层净长度：

C 轴：$4.2-(0.79+0.91)=2.5$（m）

4 轴：$3.8-0.79\times2=2.22$（m）

小计：$2.5+2.22=4.72$（m）

因此，内墙基础垫层的模板接触面长度为：

$4.72\times2=9.44$（m）

2）计算内墙基础的模板接触面长度。

计算内墙基础净长度：

C 轴：$4.2-(0.69+0.81)=2.7$（m）

4 轴：$3.8-0.69\times2=2.42$（m）

小计：$2.7+2.42=5.12$（m）

因此，内墙基础的模板接触面长度为：

$5.12\times2=10.24$（m）

（2）计算内墙基础和垫层的模板接触面积。

由本实训的断面图可知：

1）内墙基础垫层的模板接触面积为：

$9.44\times0.1=0.94$（m^2）

2）内墙基础的模板接触面积为：

$10.24\times0.5=5.12$（m^2）

计算本实训的基础和垫层的模板及支架（撑）清单工程量：

垫层模板及支架（撑）清单工程量为：

$9.98+0.94=10.92$（m^2）

基础模板及支架（撑）清单工程量为：

$50.28+5.12=55.4$（m^2）

步骤 3 计算混凝土框架柱的模板及支架（撑）清单工程量。

1. 计算框架柱高

由本实训的断面图及框架柱表可知：

基础底面相对标高为 −2.2m，则基础顶面相对标高为：

$-2.2+0.5=-1.7$（m）

框架柱顶面相对标高为 4.1m，则柱高为：

$4.1-(-1.7)=5.8$（m）

2. 计算框架柱截面周长

由本实训的断面图及框架柱表可知 KZ1、KZ2 的截面均为 360mm × 360mm，因此框架柱截面周长为：

$0.36\times4=1.44$（m）

3. 计算框架柱表面积

由本实训的建筑平面图（或者基础平面图）可知 KZ1、KZ2 共有 14 根，因此框架柱表面积为：

$14\times1.44\times5.8=116.93$（$m^2$）

4. 计算与梁、板相互连接的重叠部分面积

根据本实训的屋面框架梁平面图计算以下项目：

（1）与梁相互连接的重叠部分面积。

1）与 WKL1 梁相互连接的重叠部分面积，共 3 根梁、10 个接触面：

$0.36 \times 0.5 \times 10 = 1.8$（$m^2$）

2）与 WKL2 梁相互连接的重叠部分面积，共 2 根梁、8 个接触面：

$0.36 \times 0.4 \times 8 = 1.15$（$m^2$）

3）与 WKL3 梁相互连接的重叠部分面积，共 5 根梁、16 个接触面：

$0.36 \times 0.45 \times 16 = 2.59$（$m^2$）

4）与 WKL4 梁相互连接的重叠部分面积，共 1 根梁、2 个接触面：

$0.24 \times 0.4 \times 2 = 0.19$（$m^2$）

与梁相互连接的重叠部分面积小计为：

$1.8 + 1.15 + 2.59 + 0.19 = 5.73$（$m^2$）

（2）与板相互连接的重叠部分面积。

1）C 轴与 1 轴、2 轴交叉处：

$0.18 \times (0.36 - 0.24) \times 2 = 0.04$（$m^2$）

2）B 轴与 3 轴、4 轴交叉处：

$0.18 \times 0.36 \times 2 = 0.13$（$m^2$）

与板相互连接的重叠部分面积小计为：

$0.04 + 0.13 = 0.17$（m^2）

（3）与梁、板相互连接的重叠部分面积合计为：

$5.73 + 0.17 = 5.9$（m^2）

5. 计算框架柱的模板及支架（撑）清单工程量

$116.93 - 5.9 = 111.03$（m^2）

步骤 4 计算混凝土框架梁的模板及支架（撑）清单工程量。

根据本实训的屋面框架梁平面图计算以下项目。

1. 框架梁长

（1）WKL1 长。

1）1 轴 WKL1 长：$7.6 - 0.12 \times 2 - 0.36 = 7$（m）。

2）2 轴 WKL1 长：

（A–C）轴 ×2 轴长：$3.8 + 1.8 - 0.12 \times 2 = 5.36$（m）；

（C–D）轴 ×2 轴长：$2 - 0.12 - 0.24 = 1.64$（m）。

3）5 轴 WKL1 长：$3.8 + 1.8 - 0.12 \times 2 = 5.36$（m）。

（2）WKL2 长。

（A−B）轴 ×3 轴、4 轴长：（3.8 − 0.12 × 2）× 2 = 7.12（m）；

（B−C）轴 ×3 轴、4 轴长：（1.8 − 0.12 − 0.24）× 2 = 2.88（m）。

（3）WKL3 长。

A 轴 WKL3 长：16.8 − 0.36 × 3 − 0.12 × 2 = 15.48（m）；

B 轴、C 轴、D 轴的 WKL3 长：16.8 − 0.36 × 3 − 0.12 × 2 = 15.48（m）；

小计：15.48 × 2 = 30.96（m）。

（4）WKL4 长。

C 轴 WKL4 长：4.2 − 0.12 − 0.24 = 3.84（m）。

2. 框架梁底面与两个侧面的截面长度

（1）WKL1 底面与两个侧面的截面长度：

1）1 轴 WKL1：0.36 + 0.5 +（0.5 − 0.18）= 1.18（m）。

2）2 轴 WKL1 底面与两个侧面的截面长度。

（A−C）轴 ×2 轴：0.36 +（0.5 − 0.18）× 2 = 1（m）；

（C−D）轴 ×2 轴：0.36 + 0.5 +（0.5 − 0.18）= 1.18（m）。

3）5 轴 WKL1 底面与两个侧面的截面长度：0.36 + 0.5 +（0.5 − 0.18）= 1.18（m）。

（2）WKL2 底面与两个侧面的截面长度：

（A−B）轴 ×3 轴、4 轴：0.36 +（0.4 − 0.18）× 2 = 0.8（m）；

（B−C）轴 ×3 轴、4 轴：0.36 + 0.4 +（0.4 − 0.18）= 0.98（m）。

（3）WKL3 底面与两个侧面的截面长度：0.36 + 0.45 +（0.45 − 0.18）= 1.08（m）。

（4）WKL4 底面与两个侧面的截面长度：

0.24 +（0.4 − 0.18）× 2 = 0.68（m）

3. 框架梁底面与两个侧面的面积

（1）WKL1 底面与两个侧面的面积：

（7 + 1.64 + 5.36）× 1.18 + 5.36 × 1 = 21.88（m^2）

（2）WKL2 底面与两个侧面的面积：

7.12 × 0.8 + 2.88 × 0.98 = 8.52（m^2）

（3）WKL3 底面与两个侧面的面积：

30.96 × 1.08 = 33.44（m^2）

（4）WKL4 底面与两个侧面的面积：

3.84 × 0.68 = 2.61（m^2）

4. 混凝土框架梁的模板及支架（撑）清单工程量

21.88 + 8.52 + 33.44 + 2.61 = 66.45（m^2）

步骤 5 计算混凝土过梁的模板及支架（撑）清单工程量。

1. 计算过梁长

由本实训的建筑平面图及门窗表可知，门窗洞口尺寸及数量见表 7-7。

表 7-7 门窗洞口尺寸及数量

代号	洞口尺寸（mm）	单位	数量
M1	1 960 × 2 000	樘	2
M2	1 500 × 2 000	樘	1
M3	1 200 × 2 000	樘	1
C1	1 960 × 2 000	樘	5
C2	800 × 800	樘	1

（1）M1 过梁长。

洞口上方过梁长：$1.96 \times 2 = 3.92$（m）；

洞口两侧过梁长：（0.15×2）$\times 2 = 0.6$（m）。

（2）M2 过梁长。

洞口上方过梁长：1.5m；

洞口两侧过梁长：$0.15 \times 2 = 0.3$（m）。

（3）M3 过梁长。

洞口上方过梁长：1.2m；

洞口两侧过梁长：$0.15 \times 2 = 0.3$（m）。

（4）C1 过梁长。

洞口上方过梁长：$1.96 \times 5 = 9.8$（m）；

洞口两侧过梁长：（0.15×2）$\times 5 = 1.5$（m）。

（5）C2 过梁长。

洞口上方过梁长：0.8m；

洞口两侧过梁长：$0.15 \times 2 = 0.3$（m）。

2. 计算过梁底面与（或）两个侧面的截面长度

过梁宽度同墙厚，高度为 200mm。

（1）M1 过梁。

洞口上方过梁底面与两个侧面的截面长度：$0.36 + 0.2 \times 2 = 0.76$（m）；

洞口两侧过梁两个侧面的截面长度：$0.2 \times 2 = 0.4$（m）。

（2）M2 过梁。

洞口上方过梁底面与两个侧面的截面长度：$0.24+0.2\times2=0.64$（m）;

洞口两侧过梁两个侧面的截面长度：$0.2\times2=0.4$（m）。

（3）M3 过梁。

洞口上方过梁底面与两个侧面的截面长度：$0.24+0.2\times2=0.64$（m^2）;

洞口两侧过梁两个侧面的截面长度：$0.2\times2=0.4$（m）。

（4）C1 过梁。

洞口上方过梁底面与两个侧面的截面长度：$0.36+0.2\times2=0.76$（m）;

洞口两侧过梁两个侧面的截面长度：$0.2\times2=0.4$（m）。

（5）C2 过梁。

洞口上方过梁底面与两个侧面的截面长度：$0.36+0.2\times2=0.76$（m）;

洞口两侧过梁两个侧面的截面长度：$0.2\times2=0.4$（m）。

3. 计算过梁底面与（或）两个侧面的面积

（1）M1 过梁。

洞口上方过梁底面与两个侧面的面积：$3.92\times0.76=2.98$（m^2）;

洞口两侧过梁两个侧面的面积：$0.6\times0.4=0.24$（m^2）。

（2）M2 过梁。

洞口上方过梁底面与两个侧面的面积：$1.5\times0.64=0.96$（m^2）;

洞口两侧过梁两个侧面的面积：$0.3\times0.4=0.12$（m^2）。

（3）M3 过梁。

洞口上方过梁底面与两个侧面的面积：$1.2\times0.64=0.77$（m^2）;

洞口两侧过梁两个侧面的面积：$0.3\times0.4=0.12$（m^2）。

（4）C1 过梁。

洞口上方过梁底面与两个侧面的面积：$9.8\times0.76=7.45$（m^2）;

洞口两侧过梁两个侧面的面积：$1.5\times0.4=0.6$（m^2）。

（5）C2 过梁。

洞口上方过梁底面与两个侧面的面积：$0.8\times0.76=0.61$（m^2）;

洞口两侧过梁两个侧面的面积：$0.3\times0.4=0.12$（m^2）。

4. 计算混凝土过梁的模板及支架（撑）清单工程量

$$2.98+0.24+0.96+0.12+0.77+0.12+7.45+0.6+0.61+0.12=13.97\ (m^2)$$

步骤 6 计算混凝土板的模板及支架（撑）清单工程量。

根据本实训的屋面框架梁平面图计算以下项目。

1. 混凝土板的模板接触面积

（1）（A 轴 − C 轴）×（1 轴 − 2 轴）的板面积：

$(4.2-0.12-0.24)\times(3.8+1.8-0.12-0.06)=20.81$（$m^2$）

（2）（C 轴 − D 轴）×（1 轴 − 2 轴）的板面积：

$(4.2-0.12-0.24)\times(2-0.12-0.18)=6.53$（$m^2$）

（3）（A 轴 − C 轴）×（2 轴 − 3 轴）的板面积：

$(4.2-0.12\times2)\times(3.8+1.8-0.12\times2)=21.23$（$m^2$）

（4）（A 轴 − B 轴）×（3 轴 − 4 轴）的板面积：

$(4.2-0.24\times2)\times(3.8-0.12\times2)=13.24$（$m^2$）

（5）（A 轴 − C 轴）×（4 轴 − 5 轴）的板面积：

$(4.2-0.12\times2)\times(3.8+1.8-0.12\times2)=21.23$（$m^2$）

2. 混凝土板的模板及支架（撑）清单工程量

$20.81+6.53+21.23+13.24+21.23=83.04$（$m^2$）

步骤 7 计算混凝土构造柱的模板及支架（撑）清单工程量。

根据本实训的屋面平面图、外墙大样图及女儿墙构造柱大样图计算以下项目。

1. 构造柱高

$5-4.1-0.1=0.8$（m）

2. 构造柱的模板及支架（撑）清单工程量

（1）计算构造柱身的模板接触面积：

$0.24\times0.8\times2\times14=5.38$（$m^2$）

（2）计算嵌接墙体部分（马牙槎）的模板接触面积：

$(0.2\times0.06\times4)\times2\times14=1.34$（$m^2$）

构造柱的模板及支架（撑）清单工程量为：

$5.38+1.34=6.72$（m^2）

步骤 8 计算混凝土压顶的模板及支架（撑）清单工程量。

根据本实训的屋面平面图及外墙大样图计算以下项目。

1. 混凝土压顶中心线长度

$(16.8+0.09\times2)\times2+(7.6+0.09\times2)\times2+1.8\times2=53.12$（m）

2. 混凝土压顶的模板及支架（撑）清单工程量

（1）计算压顶底面的模板接触面积：

压顶底面宽 $=0.3-0.24=0.06$（m）

压顶底面的模板接触面积 $=53.12\times0.06=3.19$（m^2）

（2）计算压顶的两个侧面的模板接触面积：

$$0.1 \times 2 \times 53.12 = 10.62 \ (\mathrm{m}^2)$$

因此，混凝土压顶的模板及支架（撑）清单工程量为：

$$3.19 + 10.62 = 13.81 \ (\mathrm{m}^2)$$

步骤 9 计算混凝土台阶的模板及支架（撑）清单工程量。

根据本实训的建筑平面图、南立面图及台阶（无台基）施工做法计算混凝土台阶的模板及支架（撑）清单工程量为：

$$(6.72 + 0.3 \times 4) \times (0.3 \times 2 + 0.3) = 7.13 \ (\mathrm{m}^2)$$

步骤 10 计算混凝土散水的模板及支架（撑）清单工程量。

根据本实训的建筑平面图、外墙大样图及散水施工做法计算以下项目。

1. 散水中心线长度

$$(16.8+0.24 \times 2+0.3 \times 2) \times 2+(7.6+0.24 \times 2+0.3 \times 2) \times 2+1.8 \times 2-(6.72+0.3 \times 4)=48.8 \ (\mathrm{m})$$

2. 混凝土散水的模板及支架（撑）清单工程量

由混凝土散水施工做法可知，混凝土面层为 60mm 厚，则混凝土散水的模板及支架（撑）清单工程量为：

$$48.8 \times 0.06 \times 2 = 5.86 \ (\mathrm{m}^2)$$

步骤 11 编制工程量清单。

工程量清单编制结果见表 7–8。

表 7–8　工程量清单

序号	项目编码	项目名称	项目特征	计量单位	工程量
一		总价措施项目			
1	011707001001	安全文明施工		元	
二		单价措施项目			
1	011701001001	综合脚手架	1. 建筑结构形式：单层框架结构 2. 檐口高度：4.32m	m^2	107.48
2	011703001001	垂直运输	1. 建筑类型及结构形式：公共建筑、框架结构 2. 檐口高度、层数：4.32m、单层	m^2	107.48
3	011702025001	基础垫层模板	构件类型：基础垫层	m^2	10.92
4	011702001001	基础模板	基础类型：带形基础	m^2	55.4
5	011702002001	框架柱模板	截面尺寸：360mm × 360mm	m^2	111.03
6	011702003001	构造柱模板	截面尺寸：240mm × 240mm	m^2	6.72

续表

序号	项目编码	项目名称	项目特征	计量单位	工程量
7	011702006001	框架梁模板	支撑高度：WKL1 为 3.6m、WKL2 为 3.7m、WKL3 为 3.65m、WKL4 为 3.7m	m^2	66.45
8	011702009001	过梁模板		m^2	13.97
9	011702014001	有梁板模板	支撑高度：3.92m	m^2	83.04
10	011702025002	女儿墙压顶模板	构件类型：女儿墙压顶	m^2	13.81
11	011702027001	台阶模板	台阶踏步宽：300mm	m^2	7.13
12	011702029001	散水模板		m^2	5.86

二、编制工程量清单计价

步骤 1 选择定额子目并调整单价。

1. 选择定额子目

以北京市 2012 年的《房屋建筑与装饰工程预算定额》为例，选择综合脚手架（011701001001）、垂直运输（011703001001）、基础模板（011702001001）三个清单项目的定额子目如下：

（1）综合脚手架（011701001001）包含的定额子目：综合脚手架 单层建筑 檐高 6m 以下 搭拆（17－1）、综合脚手架 单层建筑 檐高 6m 以下 租赁（17－2）。

（2）垂直运输（011703001001）包含的定额子目：垂直运输 6 层以下 现浇框架结构 首层建筑面积 1 200m^2 以内（17－158）。

（3）基础模板（011702001001）包含的定额子目：带形基础 无梁式（17–46）。

2. 调整定额子目单价

采用人工、材料、机械的信息价或市场价将定额子目单价调整为当前的价格，消耗量采用国家或省级、行业建设主管部门发布的定额子目的消耗量。以上所选的定额子目单价调整结果见表 7–9。

表 7–9 定额子目单价

序号	定额编号	名称	单位	定额消耗量	不含税单价	合价（元）
一	17–1	综合脚手架 单层建筑 檐高 6m 以下 搭拆	$100m^2$			

续表

序号	定额编号	名称	单位	定额消耗量	不含税单价	合价（元）
（一）		人工				
1		综合工日（870002）	工日	5.977	122	729.19
（二）		材料				
1		摊销材料费	元			595.4
2		租赁材料费	元			109.19
3		柴油	kg	0.567 4	5.51	3.13
4		其他材料费	元			10.64
（三）		机械				
1		载重汽车 15t	台班	0.01	1 647.7	16.48
2		其他机具费	元			9.95
小计						1 473.98
二	17-2	综合脚手架　单层建筑　檐高 6m 以下　租赁	100m^2			
（一）		人工				
1		综合工日（870002）	工日	0.002	122	0.24
（二）		材料				
1		租赁材料费	元			2.54
2		其他材料费	元			0.04
小计						2.82
三	17-158	垂直运输　6 层以下　现浇框架结构　首层建筑面积 1 200m^2 以内	m^2			
（一）		人工				
1		综合工日（870002）	工日	0.168	122	20.5
（二）		材料				
1		钢筋混凝土基础	m^3	0.009 3	2 075.6	19.3
2		其他材料费	元			0.32
（三）		机械				
1		塔式起重机	台班	0.033 5	515.92	17.28
2		电动提升机	台班	0.033 5	138.75	4.65
3		其他机具费	元			0.56
小计						62.61

续表

序号	定额编号	名称	单位	定额消耗量	不含税单价	合价（元）
四	17-46	带形基础　无梁式	m^2			
（一）		人工				
1		综合工日（870002）	工日	0.259	122	31.6
（二）		材料				
1		复合木模板	m^2	0.001 5	30.32	0.05
2		组合钢模板	m^2·日	3.615 8	1.95	7.05
3		板方材	m^3	0.001 3	1 638	2.13
4		柴油	kg	0.190 5	5.51	1.05
5		摊销材料费	元			2.42
6		租赁材料费	元			1.85
7		其他材料费	元			0.15
（三）		机械				
1		汽车起重机　16t	台班	0.001 2	783.39	0.94
2		载重汽车　15t	台班	0.002 6	1 647.7	4.28
3		其他机具费	元			0.86
小计						52.38

步骤 2　计算直接工程费。

定额工程量的计算（计算过程略）以北京市 2012 年《房屋建筑与装饰工程预算定额》中工程量的计算规则为例，直接工程费的计算结果见表 7-10。

表 7-10　直接工程费

序号	清单编码 / 定额编号	名称	工程量		价值（元）		其中：人工费（元）	
			单位	数量	单价	合价	单价	合价
一	011701001001	综合脚手架	m^2	107.48				
1	17-1	综合脚手架　单层建筑檐高 6m 以下　搭拆	$100m^2$	1.074 8	1 474	1 584.23	729.2	783.73
2	17-2	综合脚手架　单层建筑檐高 6m 以下　租赁	$100m^2$	64.488	2.82	181.86	0.24	15.48
二	011703001001	垂直运输	m^2	107.48				
1	17-158	垂直运输　6层以下　现浇框架结构　首层建筑面积 1 200m^2 以内	m^2	107.48	62.61	6 729.32	20.5	2 203.34

续表

序号	清单编码 / 定额编号	名称	工程量		价值（元）		其中：人工费（元）	
			单位	数量	单价	合价	单价	合价
三	011702025001	基础垫层模板	m^2	10.92				
1	17-44	垫层	m^2	10.92	19.68	214.91	15.09	164.78
四	011702001001	基础模板	m^2	55.4				
1	17-46	带形基础　无梁式	m^2	55.4	52.38	2 901.85	31.6	1 750.64
五	011702002001	框架柱模板	m^2	111.03				
1	17-59	矩形柱　组合钢模板	m^2	116.93	74.39	8 698.42	47.54	5 558.85
2	17-71	柱支撑高度 3.6m 以上每增 1m	m^2	18.14	4.48	81.27	3.64	66.03
六	011702003001	构造柱模板	m^2	6.72				
1	17-62	构造柱　复合模板	m^2	8.06	59.85	482.39	38.46	309.99
七	011702006001	框架梁模板	m^2	66.45				
1	17-75	矩形梁　组合钢模板	m^2	66.45	125.58	8 344.79	55.64	3 697.28
2	17-91	梁支撑高度 3.6m 以上每增 1m	m^2	44.57	7.55	336.5	1.59	70.87
八	011702009001	过梁模板	m^2	13.97				
1	17-86	过梁　组合钢模板	m^2	13.97	108.62	1 517.42	39.63	553.63
九	011702014001	有梁板模板	m^2	83.04				
1	17-113	有梁板　组合钢模板	m^2	83.04	113.16	9 396.81	47.04	3 906.2
2	17-130	板支撑高度 3.6m 以上每增 1m	m^2	83.04	9.2	763.97	7.68	637.75
十	011702025002	女儿墙压顶模板	m^2	13.81				
1	17-139	小型构件	m^2	13.81	102.51	1 415.66	52.79	729.03
十一	011702027001	台阶模板	m^2	7.13				
1	17-142	台阶	m^2	7.13	48.34	344.66	29.89	213.12
十二	011702029001	散水模板	m^2	5.86				
1	17-144	散水	m^2	5.86	20.89	122.42	15.09	88.43
合计						43 116.48		20 749.15

步骤 3 计算综合单价。

每个清单项目的直接工程费均为其项下所有定额子目合价之和，如：综合脚手架（011701001001）的直接工程费为“综合脚手架 单层建筑 檐高 6m 以下 搭拆（17－1）”“综合脚手架 单层建筑 檐高 6m 以下 租赁（17－2）”两个定额子目的合价之和。

综合单价的计算结果见表 7-11。

表 7-11　综合单价

序号	清单编码	费用项目	计算基础	计算基数	计算费率	金额（元）
一	011701001001	综合脚手架				
1		直接工程费				1 766.09
2		企业管理费	直接工程费	1 766.09	8.40%	148.35
3		利润	直接工程费 + 企业管理费	1 914.44	7.00%	134.01
4		风险费（适用于投标报价）				0
5		分部分项工程费	直接工程费 + 企业管理费 + 利润 + 风险费			2 048.45
6		综合单价 = 项目 5 ÷ 清单工程量	分部分项工程费			19.06
二	011703001001	垂直运输				
1		直接工程费				6 729.32
2		企业管理费	直接工程费	6 729.32	8.40%	565.26
3		利润	直接工程费 + 企业管理费	7 294.58	7.00%	510.62
4		风险费（适用于投标报价）				0
5		分部分项工程费	直接工程费 + 企业管理费 + 利润 + 风险费			7 805.2
6		综合单价 = 项目 5 ÷ 清单工程量	分部分项工程费			72.62
三	011702025001	基础垫层模板				
1		直接工程费				214.91
2		企业管理费	直接工程费	214.91	8.40%	18.05
3		利润	直接工程费 + 企业管理费	232.96	7.00%	16.31
4		风险费（适用于投标报价）				0
5		分部分项工程费	直接工程费 + 企业管理费 + 利润 + 风险费			249.27
6		综合单价 = 项目 5 ÷ 清单工程量	分部分项工程费			22.83

续表

序号	清单编码	费用项目	计算基础	计算基数	计算费率	金额（元）
四	011702001001	基础模板				
1		直接工程费				2 901.85
2		企业管理费	直接工程费	2 901.85	8.40%	243.76
3		利润	直接工程费 + 企业管理费	3 145.61	7.00%	220.19
4		风险费（适用于投标报价）				0
5		分部分项工程费	直接工程费 + 企业管理费 + 利润 + 风险费			3 365.8
6		综合单价 = 项目 5 ÷ 清单工程量	分部分项工程费			60.75
五	011702002001	框架柱模板				
1		直接工程费				8 779.69
2		企业管理费	直接工程费	8 779.69	8.40%	737.49
3		利润	直接工程费 + 企业管理费	9 517.18	7.00%	666.2
4		风险费（适用于投标报价）				0
5		分部分项工程费	直接工程费 + 企业管理费 + 利润 + 风险费			10 183.38
6		综合单价 = 项目 5 ÷ 清单工程量	分部分项工程费			91.72
六	011702003001	构造柱模板				
1		直接工程费				482.39
2		企业管理费	直接工程费	482.39	8.40%	40.52
3		利润	直接工程费 + 企业管理费	522.91	7.00%	36.6
4		风险费（适用于投标报价）				0
5		分部分项工程费	直接工程费 + 企业管理费 + 利润 + 风险费			559.51
6		综合单价 = 项目 5 ÷ 清单工程量	分部分项工程费			83.26
七	011702006001	框架梁模板				
1		直接工程费				8 681.29

续表

序号	清单编码	费用项目	计算基础	计算基数	计算费率	金额（元）
2		企业管理费	直接工程费	8 681.29	8.40%	729.23
3		利润	直接工程费 + 企业管理费	9 410.52	7.00%	658.74
4		风险费（适用于投标报价）				0
5		分部分项工程费	直接工程费 + 企业管理费 + 利润 + 风险费			10 069.26
6		综合单价 = 项目 5 ÷ 清单工程量	分部分项工程费			151.53
八	011702009001	过梁模板				
1		直接工程费				1 517.42
2		企业管理费	直接工程费	1 517.42	8.40%	127.46
3		利润	直接工程费 + 企业管理费	1 644.88	7.00%	115.14
4		风险费（适用于投标报价）				0
5		分部分项工程费	直接工程费 + 企业管理费 + 利润 + 风险费			1 760.02
6		综合单价 = 项目 5 ÷ 清单工程量	分部分项工程费			125.99
九	011702014001	有梁板模板				
1		直接工程费				10 160.78
2		企业管理费	直接工程费	10 160.78	8.40%	853.51
3		利润	直接工程费 + 企业管理费	11 014.29	7.00%	771
4		风险费（适用于投标报价）				0
5		分部分项工程费	直接工程费 + 企业管理费 + 利润 + 风险费			11 785.29
6		综合单价 = 项目 5 ÷ 清单工程量	分部分项工程费			141.92
十	011702025002	女儿墙压顶模板				
1		直接工程费				1 415.66
2		企业管理费	直接工程费	1 415.66	8.40%	118.92

续表

序号	清单编码	费用项目	计算基础	计算基数	计算费率	金额（元）
3		利润	直接工程费 + 企业管理费	1 534.58	7.00%	107.42
4		风险费（适用于投标报价）				0
5		分部分项工程费	直接工程费 + 企业管理费 + 利润 + 风险费			1 642
6		综合单价 = 项目 5 ÷ 清单工程量	分部分项工程费			118.9
十一	011702027001	台阶模板				
1		直接工程费				344.66
2		企业管理费	直接工程费	344.66	8.40%	28.95
3		利润	直接工程费 + 企业管理费	373.61	7.00%	26.15
4		风险费（适用于投标报价）				0
5		分部分项工程费	直接工程费 + 企业管理费 + 利润 + 风险费			399.76
6		综合单价 = 项目 5 ÷ 清单工程量	分部分项工程费			56.07
十二	011702029001	散水模板				
1		直接工程费				122.42
2		企业管理费	直接工程费	122.42	8.40%	10.28
3		利润	直接工程费 + 企业管理费	132.7	7.00%	9.29
4		风险费（适用于投标报价）				0
5		分部分项工程费	直接工程费 + 企业管理费 + 利润 + 风险费			141.99
6		综合单价 = 项目 5 ÷ 清单工程量	分部分项工程费			24.23
合计						50 009.93

步骤 4 汇总分部分项工程费。

分部分项工程费的计算结果见表 7-12。

表 7-12　分部分项工程费

序号	项目编码	项目名称	项目特征描述	计量单位	工程量	金额（元）		
						综合单价	合价	其中 暂估价
一		土石方工程					20 261.45	0
1	010101001001	平整场地	1. 土壤类别：三类土 2. 弃土运距：30km	m^2	107.48	2.24	240.76	0
2	010101003001	挖沟槽土方	1. 土壤类别：三类土 2. 挖土深度：1.9m 3. 弃土运距：30km	m^3	174.55	27.74	4 842.02	0
3	010103001001	基础回填方	1. 密实度要求：压实系数≥ 0.97 2. 填方材料品种：素土 3. 填方来源、运距：挖方	m^3	96.88	89.09	8 631.04	0
4	010103001002	室内回填方	1. 密实度要求：压实系数≥ 0.97 2. 填方材料品种：素土 3. 填方来源、运距：挖方	m^3	34.67	42.12	1 460.3	0
5	010103002001	余方弃置	1. 废弃料品种：素土 2. 运距：30km	m^3	43	118.31	5 087.33	0
二		混凝土及钢筋混凝土工程					64 494.86	0
6	010501001001	垫层	1. 混凝土种类：预拌混凝土 2. 强度等级：C10	m^3	9.7	549.38	5 328.99	0
7	010501002001	带形基础	1. 混凝土种类：预拌混凝土 2. 强度等级：C35	m^3	42.99	658.84	28 323.53	0
8	010502001001	框架柱	1. 混凝土种类：预拌混凝土 2. 强度等级：C40	m^3	10.52	723.95	7 615.95	0
9	010502002001	构造柱	1. 混凝土种类：预拌混凝土 2. 强度等级：C25	m^3	0.84	736.26	618.46	0
10	010503005001	过梁	1. 混凝土种类：预拌混凝土 2. 强度等级：C25	m^3	1.38	754.87	1 041.72	0
11	010505001001	屋面板	1. 混凝土种类：预拌混凝土 2. 强度等级：C30 3. 板厚：180mm	m^3	25.26	642.12	16 219.95	0
12	010507005001	女儿墙压顶	1. 断面尺寸：240mm × 200mm 2. 混凝土种类：预拌混凝土 3. 混凝土强度等级：C25	m^3	1.59	815.47	1 296.6	0

续表

序号	项目编码	项目名称	项目特征描述	计量单位	工程量	金额（元）		
						综合单价	合价	其中 暂估价
13	010507001001	散水	1. 垫层材料种类、厚度：150厚 3：7 灰土垫层 2. 面层厚度：60mm 3. 混凝土种类：预拌混凝土 4. 混凝土强度等级：C15 5. 变形缝填塞材料种类：建筑油膏 6. 素土夯实	m^2	29.28	106.43	3 116.27	0
14	010507004001	台阶	1. 踏步高、宽：高 130mm，宽 300mm 2. 混凝土种类：预拌混凝土 3. 混凝土强度等级：C15	m^2	7.13	130.91	933.39	0
三		砌筑工程					100 269.35	0
15	010401001001	砖基础	1. 砖品种、规格、强度等级：标准砖 2. 基础类型：带形基础 3. 砂浆强度等级：DM7.5-HR 4. 墙厚：360mm	m^3	29.68	942.63	27 977.26	0
16	010401001002	砖基础	1. 砖品种、规格、强度等级：标准砖 2. 基础类型：带形基础 3. 砂浆强度等级：DM7.5-HR 4. 墙厚：240mm	m^3	3.02	942.64	2 846.77	0
17	010401003001	外墙	1. 砖品种、规格、强度等级：标准砖 2. 墙体类型：框架间墙 3. 砂浆强度等级：DM5.0-HR 4. 墙厚：360mm	m^3	52.06	1 055.02	54 924.34	0
18	010401003002	内墙	1. 砖品种、规格、强度等级：标准砖 2. 墙体类型：框架间墙 3. 砂浆强度等级：DM5.0-HR 4. 墙厚：240mm	m^3	5.12	986.64	5 051.6	0
19	010401003003	女儿墙	1. 砖品种、规格、强度等级：标准砖 2. 墙体类型：女儿墙 3. 砂浆强度等级：DM5.0-HR 4. 墙厚：240mm	m^3	9.41	1 006.31	9 469.38	0

续表

序号	项目编码	项目名称	项目特征描述	计量单位	工程量	金额（元）		
						综合单价	合价	其中 暂估价
四		门窗工程					32 393.07	0
20	010802001001	不锈钢全玻门	1. 门代号及洞口尺寸：PM1，1 960mm × 2 000mm 2. 门框或扇外围尺寸：1 930mm × 1 970mm 3. 门框、扇材质：不锈钢 4. 玻璃品种、厚度：12mm 厚的钢化玻璃	樘	1	7 471.2	7 471.2	0
21	010802001002	铝合金半玻门	1. 门代号及洞口尺寸：PM2，1 500mm × 2 000mm 2. 门框或扇外围尺寸：1 470mm × 1 970mm 3. 门框、扇材质：铝合金 4. 玻璃品种、厚度：5mm 厚的单层玻璃	樘	1	2 308.15	2 308.15	0
22	010802001003	铝合金无玻门	1. 门代号及洞口尺寸：PM3，1 200mm × 2 000mm 2. 门框或扇外围尺寸：1 170mm × 1 970mm 3. 门框、扇材质：铝合金	樘	1	2 748.81	2 748.81	0
23	010807001001	铝合金双玻平开窗	1. 窗代号及洞口尺寸：WPC，1 960mm × 2 000mm 2. 框、扇材质：断桥铝合金 3. 玻璃品种、厚度：6+12A+6Low-E 中空玻璃	樘	5	3 092.37	15 461.85	0
24	010807001002	铝合金双玻固定窗	1. 窗代号及洞口尺寸：GC，800mm × 800mm 2. 框、扇材质：断桥铝合金 3. 玻璃品种、厚度：6+12A+6Low-E 中空玻璃	樘	1	433.96	433.96	0
25	010807004001	金属纱窗	1. 窗代号及洞口尺寸：WPC，1 960mm × 2 000mm 2. 框材质：铝合金 3. 窗纱材料品种、规格：不锈钢丝窗纱、0.6mm	樘	5	663.41	3 317.05	0

续表

序号	项目编码	项目名称	项目特征描述	计量单位	工程量	金额（元）		
						综合单价	合价	其中 暂估价
26	010809004001	石材窗台板	1. 黏结层厚度、砂浆配合比 8mm 厚 DTA 砂浆 2. 窗台板材质、规格、颜色：30 厚黑色磨光花岗石，宽 200mm	m^2	2.12	307.57	652.05	0
五		楼地面工程					61 573.34	0
27	011101006001	屋面平面砂浆找平层	找平层厚度、砂浆配合比：15 厚 DS 砂浆	m^2	94.68	29.06	2 751.4	0
28	011102001001	餐厅花岗石地面	1. 找平层厚度、砂浆配合比：20mm、DS 干拌砂浆 2. 结合层厚度、砂浆配合比：10mm、DTA 干拌砂浆 3. 面层材料品种、规格、颜色：20 厚米黄色磨光花岗石、800mm × 800mm 4. 嵌缝材料种类：DTG 干拌砂浆 5. 防护层材料：防污剂	m^2	58.71	368.17	21 615.26	0
29	011102003001	卫生间和操作间地砖地面	1. 找平层厚度、砂浆配合比：20mm、DS 干拌砂浆 2. 结合层厚度、砂浆配合比：5mm、DTA 干拌砂浆 3. 面层材料品种、规格、颜色：8 厚白色防滑地砖、300mm × 300mm 4. 嵌缝材料种类：DTG 干拌砂浆	m^2	27.97	167.29	4 679.1	0
30	011102003002	屋面地砖面	1. 结合层厚度、砂浆配合比：5mm、DTA 干拌砂浆 2. 面层材料品种、规格、颜色：8 厚彩色釉面防滑地砖、600mm × 600mm 3. 嵌缝材料种类：DTG 干拌砂浆	m^2	94.68	170.75	16 166.61	0

续表

序号	项目编码	项目名称	项目特征描述	计量单位	工程量	金额（元）		
						综合单价	合价	其中 暂估价
31	011105002001	餐厅石材踢脚线	1. 踢脚线高度：150mm 2. 黏贴层厚度、材料种类：DTA 干拌砂浆 3. 面层材料品种、规格、颜色：10 厚黑色磨光花岗石板 4. 防护材料种类：防污剂 5. 底层厚度、砂浆配合比：9 厚 DP-HR 砂浆 6. 面层厚度、砂浆配合比：6 厚 DP-HR 砂浆	m	28.82	82.56	2 379.38	0
32	011107001001	石材台阶面	1. 找平层厚度、砂浆配合比：25 厚干拌砂浆 DS 2. 黏结材料种类：DTA 干拌砂浆 3. 面层材料品种、规格、颜色：30 厚开凹槽芝麻白花岗石板 4. 勾缝材料种类：DTG 干拌砂浆 5. 防护材料种类：防污剂	m^2	7.13	435.91	3 108.04	0
33	010501001001	混凝土垫层	1. 混凝土种类：普通混凝土 2. 强度等级：C15 3. 素土夯实	m^3	7.55	585.41	4 419.85	0
34	010501001002	细石混凝土垫层	1. 混凝土种类：细石混凝土 2. 强度等级：C15	m^3	1.4	584.44	818.22	0
35	010501001003	B 型复合轻集料垫层	1. 混凝土种类：50 厚 B 型复合轻集料垫层	m^3	7.57	685.58	5 189.84	0
36	010404001001	台阶灰土垫层	1. 垫层材料种类、配合比、厚度：500 厚 3：7 灰土垫层 2. 素土夯实	m^3	3.89	114.56	445.64	0
六		墙柱面工程					37 312.15	0
37	011201001001	女儿墙和外墙墙面一般抹灰	1. 墙体类型：非黏土砖 2. 底层厚度、砂浆配合比：9 厚 DP-MR 砂浆	m^2	245.51	16.97	4 166.3	0

续表

序号	项目编码	项目名称	项目特征描述	计量单位	工程量	金额（元）		
						综合单价	合价	其中 暂估价
38	011201001002	餐厅墙面一般抹灰	1. 墙体类型：非黏土砖 2. 底层厚度、砂浆配合比：10 厚 DP-HR 砂浆 3. 面层厚度、砂浆配合比：2 厚 DP-HR 砂浆	m^2	95.5	31.02	2 962.41	0
39	011201001003	卫生间和操作室墙面一般抹灰	1. 墙体类型：非黏土砖 2. 底层厚度、砂浆配合比：9 厚 DP-LR 砂浆	m^2	87.58	18.36	1 607.97	0
40	011201004001	外墙面立面砂浆找平层	1. 基层类型：非黏土砖墙 2. 找平层厚度、砂浆配合比：8 厚 DP-MR 砂浆找平	m^2	259.82	13.48	3 502.37	0
41	011407001001	外墙面喷刷涂料	1. 基层类型：外保温板抹面砂浆 2. 喷刷涂料部位：外墙 3. 泥子种类：耐水泥子 4. 刮泥子要求：满刮二遍 5. 涂料品种、喷刷遍数：灰色丙烯酸乳胶漆、二遍	m^2	245.51	33.89	8 320.33	0
42	011407001002	餐厅墙面喷刷涂料	1. 基层类型：非黏土砖 2. 喷刷涂料部位：内墙 3. 泥子种类：耐水泥子 4. 刮泥子要求：满刮二遍 5. 涂料品种、喷刷遍数：白色丙烯酸乳胶漆、二遍	m^2	91.17	31.6	2 880.97	0
43	011204003001	卫生间和操作室墙砖墙面	1. 墙体类型：非黏土砖 2. 安装方式：5 厚 DTA 砂浆粘贴 3. 面层材料品种、规格、颜色：墙砖、300mm × 300mm、白色 4. 嵌缝材料种类：DTG 干拌砂浆	m^2	87.58	158.39	13 871.8	0
七		天棚工程					14 686.79	0

续表

序号	项目编码	项目名称	项目特征描述	计量单位	工程量	金额（元）		
						综合单价	合价	其中 暂估价
44	011302001001	餐厅吊顶天棚	1. 吊顶形式、吊杆规格、高度：平面、φ6、3.4m 2. 龙骨材料种类、规格、中距：U型轻钢龙骨、CB50×20、中距429mm U型轻钢龙骨横撑、CB50×20、中距1 200mm 3. 面层材料品种、规格：12mm厚纸面石膏板（3 000mm×1 200mm） 4. 防护材料种类：防潮涂料	m^2	58.71	130.72	7 674.57	0
45	011302001002	卫生间及操作室吊顶天棚	1. 吊顶形式、高度：平面、3.4m 2. 龙骨材料种类、规格、中距：U型轻钢龙骨、CB50×20、中距500mm U型轻钢龙骨（用于纵向接缝处）、CB50×20 3. 面层材料品种、规格：9mm厚PVC条板、宽136mm 4. 压条材料种类：塑料线脚	m^2	27.97	172.39	4 821.75	0
46	011407002001	餐厅天棚喷刷涂料	1. 基层类型：纸面石膏板 2. 泥子种类：耐水泥子 3. 刮泥子要求：满刮2mm厚，符合施工及规范要求 4. 涂料品种、喷涂遍数：白色丙烯酸乳胶漆二遍	m^2	58.71	37.31	2 190.47	0
分部分项小计							330 991.01	0

步骤5 计算措施项目费。

1. 计算总价措施项目费

总价措施项目费计算结果见表7-13。

表7-13　总价措施项目费

序号	项目编码	项目名称	计算基础	计算基数	费率（%）	金额（元）	备注
	011707001001	安全文明施工					

续表

序号	项目编码	项目名称	计算基础	计算基数	费率（%）	金额（元）	备注
1		直接工程费	人工费＋机械费	102 887.95	21.41%	22 028.31	分部分项工程和单价措施项目中的人工费为 90 764.9 元，机械费为 12 123.05 元
2		企业管理费	直接工程费	22 028.31	8.40%	1 850.38	
3		利润	人工费＋机械费＋企业管理费	23 878.69	7.00%	1 671.51	
4		风险费				0	适用于投标报价
5		安全文明施工费	人工费＋机械费＋企业管理费＋利润＋风险费			25 550.2	

2. 计算单价措施项目费

单价措施项目费计算结果见表 7-14。

表 7-14　单价措施项目费

序号	项目编码	项目名称	项目特征描述	计量单位	工程量	金额（元）		
						综合单价	合价	其中 暂估价
1	011701001001	综合脚手架	1. 建筑结构形式：单层框架结构 2. 檐口高度：4.32m	m^2	107.48	19.06	2 048.57	0
2	011703001001	垂直运输	1. 建筑类型及结构形式：公共建筑、框架结构 2. 檐口高度、层数：4.32m、单层	m^2	107.48	72.62	7 805.2	0
3	011702025001	基础垫层模板	构件类型：基础垫层	m^2	10.92	22.83	249.3	0
4	011702001001	基础模板	基础类型：带形基础	m^2	55.4	60.75	3 365.55	0
5	011702002001	框架柱模板	截面尺寸：360mm × 360mm	m^2	111.03	91.72	10 183.67	0
6	011702003001	构造柱模板	截面尺寸：240mm × 240mm	m^2	6.72	83.26	559.51	0
7	011702006001	框架梁模板	支撑高度：WKL1 为 3.6m、WKL2 为 3.7m、WKL3 为 3.65m、WKL4 为 3.7m	m^2	66.45	151.53	10 069.17	0

续表

序号	项目编码	项目名称	项目特征描述	计量单位	工程量	金额（元）		
						综合单价	合价	其中 暂估价
8	011702009001	过梁模板		m^2	13.97	125.99	1 760.08	0
9	011702014001	有梁板模板	支撑高度：3.92m	m^2	83.04	141.92	11 785.04	0
10	011702025002	女儿墙压顶模板	构件类型：女儿墙压顶	m^2	13.81	118.9	1 642.01	0
11	011702027001	台阶模板	台阶踏步宽：300mm	m^2	7.13	56.07	399.78	0
12	011702029001	散水模板		m^2	5.86	24.23	141.99	0
单价措施项目费合计							50 009.87	0

步骤 6　计算规费、税金。

规费、税金的计算结果见表 7-15。

表 7-15　规费、税金

序号	项目名称	计算基础	计算基数	计算费率	金额（元）
1	规费				17 935.14
1.1	社会保险费	（分部分项工程费 + 措施项目费 + 其他项目费）中的人工费	90 764.9	13.79%	12 516.48
1.2	住房公积金	（分部分项工程费 + 措施项目费 + 其他项目费）中的人工费	90 764.9	5.97%	5 418.66
2	税金	分部分项工程费 + 措施项目费 + 其他项目费 + 规费	424 486.22	9.00%	38 203.76
合计					56 138.9

步骤 7　计算总价。

总价的计算结果见表 7-16。

表 7-16　总价

序号	汇总内容	金额（元）	其中：暂估价（元）
1	分部分项工程	330 991.01	0
1.1	土石方工程	20 261.45	0
1.2	混凝土及钢筋混凝土工程	64 494.86	0
1.3	砌筑工程	100 269.35	0
1.4	门窗工程	32 393.07	0

续表

序号	汇总内容	金额（元）	其中：暂估价（元）
1.5	楼地面工程	61 573.34	0
1.6	墙柱面工程	37 312.15	0
1.7	天棚工程	14 686.79	0
2	措施项目	75 560.07	0
2.1	其中：安全文明施工费	25 550.2	0
3	其他项目	0	0
3.1	其中：暂列金额	0	0
3.2	其中：专业工程暂估价	0	0
3.3	其中：计日工	0	0
3.4	其中：总承包服务费	0	0
4	规费	17 935.14	0
5	税金	38 203.76	0
合计 =1+2+3+4+5		462 689.98	0

技能检测

一、单选题

1. 根据《建筑工程建筑面积计算规范》（GB/T 50353-2013）的规定，形成建筑空间，结构净高 2.18m 部位的坡屋顶，其建筑面积应（　　）。（2017 年注册造价工程师考试题）

A. 不予计算　　B. 按 1/2 面积计算

C. 按全面积计算　　D. 视使用性质确定

2. 根据《建筑工程建筑面积计算规范》（GB/T 50353-2013）的规定，围护结构不垂直于水平面结构净高 2.15m 楼层部位，其建筑面积应（　　）。（2017 年注册造价工程师考试题）

A. 按顶板水平投影面积的 1/2 计算　　B. 按顶板水平投影面积计算全面积

C. 按底板外墙外围水平面积的 1/2 计算　　D. 按底板外墙外围水平面积计算全面积

二、多选题

1. 根据《建筑工程建筑面积计算规范》（GB/T 50353-2013）的规定，下列选项中，不计算建筑面积的有（　　）。（2017 年注册造价工程师考试题）

A. 建筑物首层地面有围护设施的露台　　B. 兼顾消防与建筑物相通的室外钢楼梯

C. 与建筑物相连的室外台阶　　　　　　D. 与室内相通的变形缝

E. 形成建筑空间，结构净高 1.50m 的坡屋顶

2. 根据《房屋建筑与装饰工程工程量计算规范》(GB 50854-2013) 的规定，下列关于措施项目工程量计算的说法中，正确的是（　　）。(2017 年注册造价工程师考试题)

A. 里脚手架按建筑面积计算

B. 满堂脚手架按搭设水平投影面积计算

C. 混凝土墙模板按模板与墙接触面积计算

D. 混凝土构造柱模板按图示外露部分计算模板面积

E. 超高施工增加费包括人工、机械降效，供水加压以及通信联络设备费用

3. 根据《房屋建筑与装饰工程工程量计算规范》(GB 50854-2013) 的规定，下列关于综合脚手架计算的说法中，正确的有（　　）。(2016 年注册造价工程师考试题)

A. 工程量按建筑面积计算

B. 用于屋顶加层时应说明加层高度

C. 项目特征应说明建筑结构形式和檐口高度

D. 同一建筑物有不同的檐高时，分别按不同檐高列项

E. 项目特征必须说明脚手架材料

4. 根据《房屋建筑与装饰工程工程量计算规范》(GB 50854-2013) 的规定，安全文明施工措施项目包括（　　）。(2020 年注册造价工程师考试题)

A. 地上地下措施　　B. 环境保护　　C. 安全施工

D. 临时设施　　E. 文明施工

5. 根据《房屋建筑与装饰工程工程量计算规范》(GB 50854-2013) 的规定，下列关于措施项目工程量计算的说法中，正确的有（　　）。(2018 年注册造价工程师考试题)

A. 垂直运输按使用机械设备数量计算

B. 悬空脚手架按搭设的水平投影面积计算

C. 排水、降水工程量按排水、降水日历天数计算

D. 整体提升架按所服务对象的垂直投影面积计算

E. 超高施工增加按建筑物超高部分的建筑面积计算

附 录 项目实训图纸

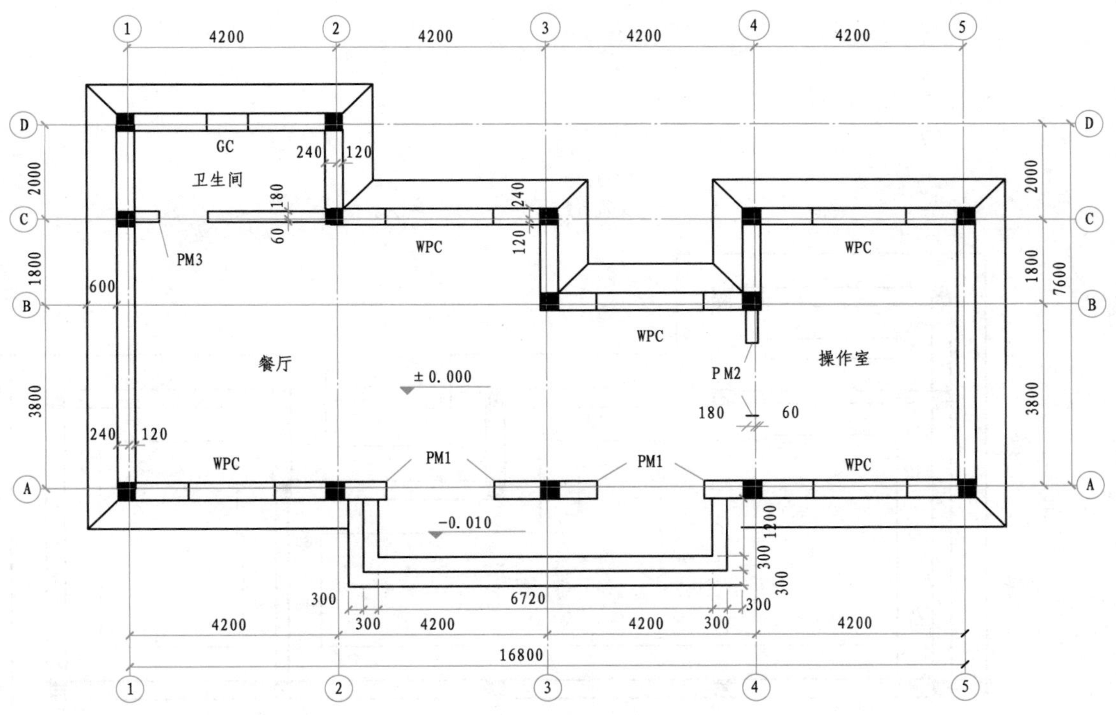

附图 1 建筑平面图

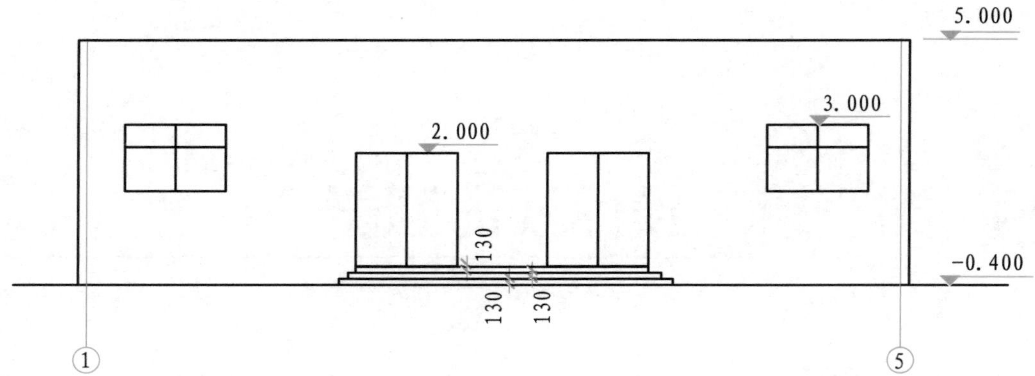

附图 2 南立面图

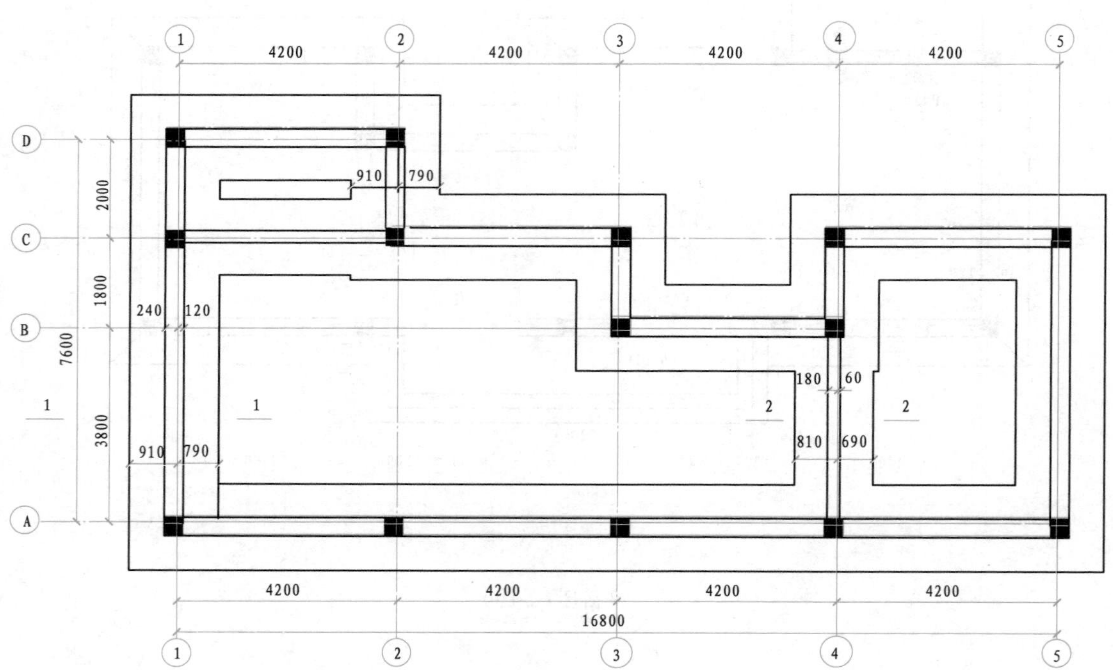

附图 3 基础平面图

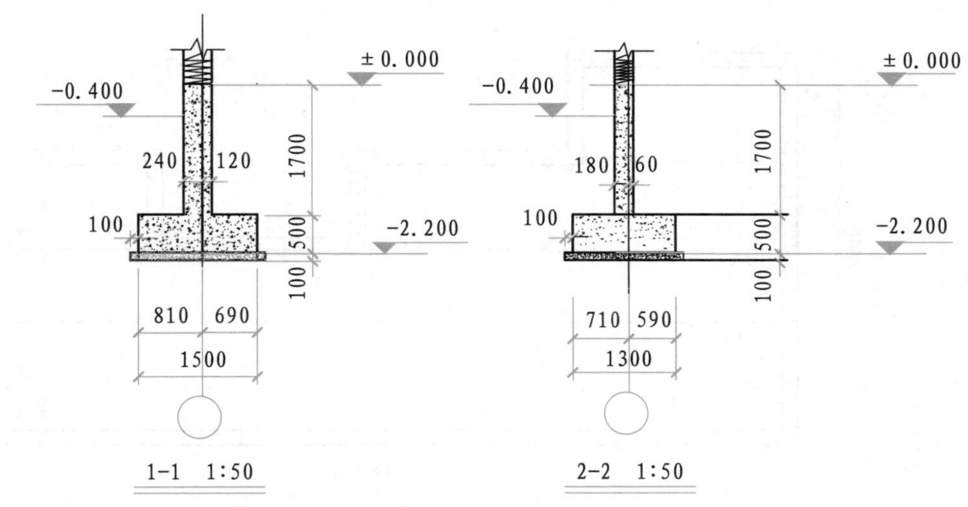

附图 4 断面图

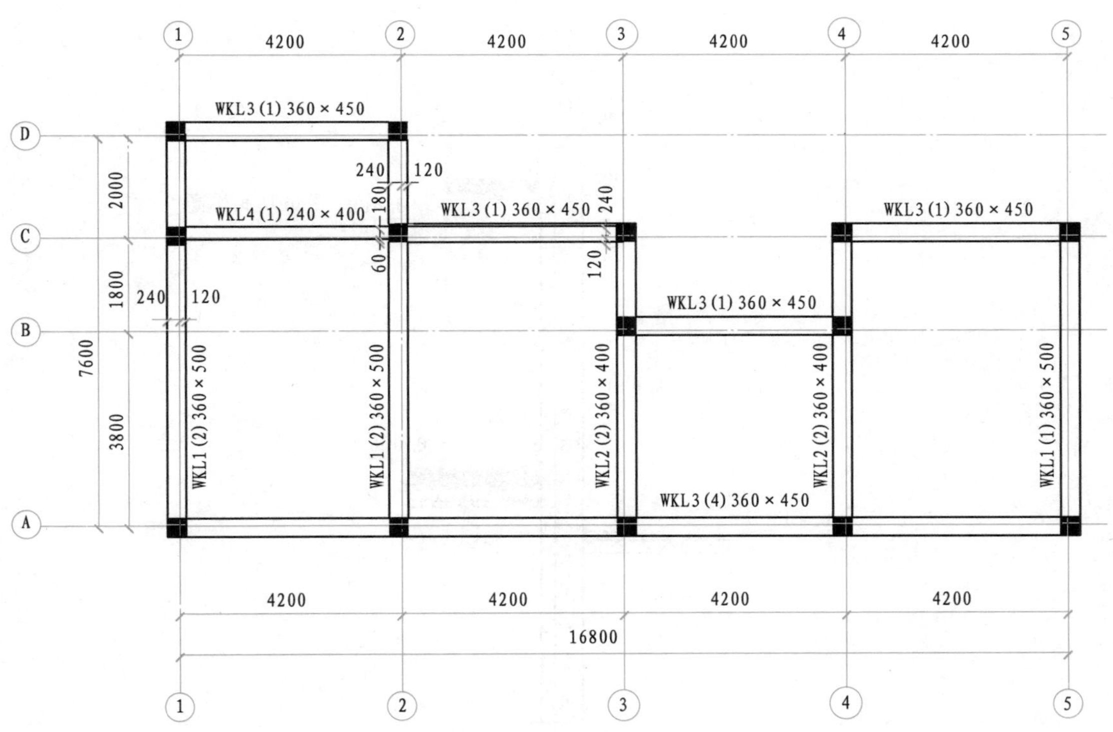

附图 5 屋面框架梁平面图

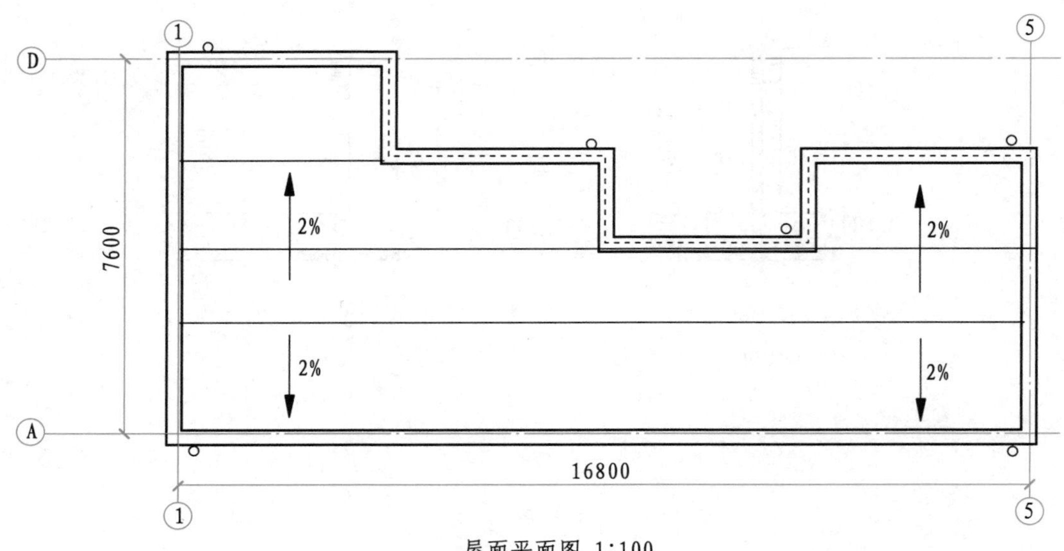

附图 6　屋面平面图

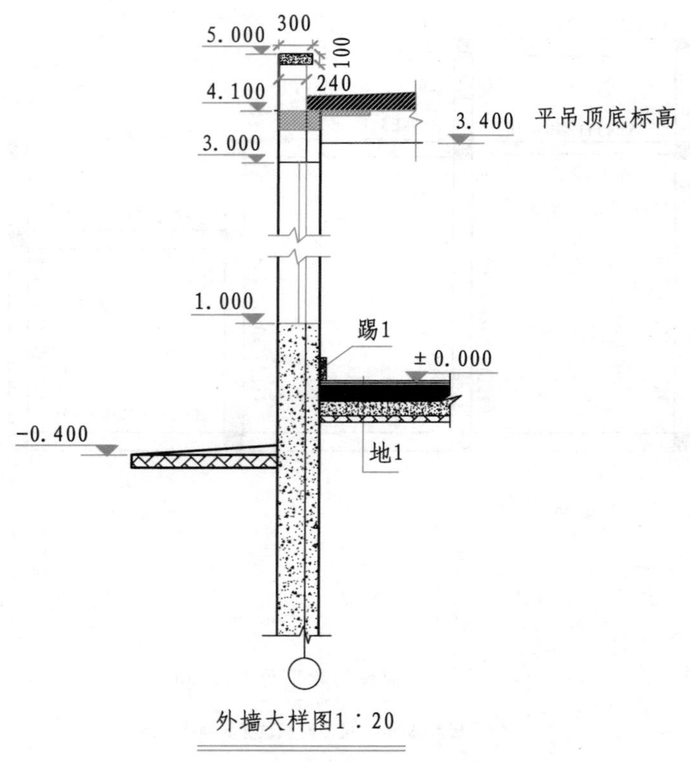

附图 7　外墙大样图

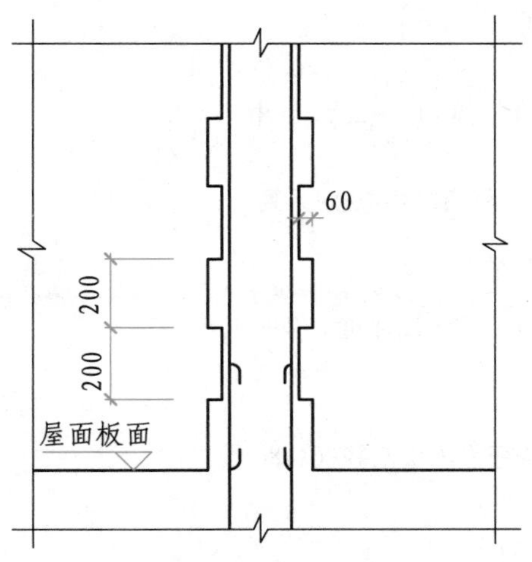

附图 8 女儿墙构造柱大样图

附表 1 框架柱

柱号	标高（m）	$b \times h$（mm）
KZ1	-1.700 ～ 4.100	360 × 360
KZ2	-1.700 ～ 4.100	360 × 360

附表 2 门窗

代号	洞口尺寸（宽 × 高）(mm)	门窗类型	说明
PM1	1 960 × 2 000	不锈钢全玻门	12mm 厚的钢化玻璃，门框外围尺寸 1 930mm × 1 970mm
PM2	1 500 × 2 000	铝合金半玻门	5mm 厚的单层玻璃，门框外围尺寸 1 470mm × 1 970mm
PM3	1 200 × 2 000	铝合金无玻门	门框外围尺寸 1 170mm × 1 970mm
WPC	1 960 × 2 000	铝合金双玻平开窗	6+12A+6Low-E 中空玻璃，框外围尺寸 1 930mm × 1 970mm，铝合金框不锈钢丝（0.6mm）窗纱
GC	800 × 800	铝合金双玻固定窗	6+12A+6Low-E 中空玻璃，框外围尺寸 770mm × 770mm

图书在版编目（CIP）数据

工程量清单计价 / 伏虎，万华主编. -- 北京：中国人民大学出版社，2022.4
21 世纪技能创新型人才培养系列教材. 建筑系列
ISBN 978-7-300-30555-4

Ⅰ. ①工… Ⅱ. ①伏… ②万… Ⅲ. ①建筑工程－工程造价－教材 Ⅳ. ① TU723.3

中国版本图书馆 CIP 数据核字（2022）第 061786 号

"十四五"新工科应用型教材建设项目成果
21 世纪技能创新型人才培养系列教材·建筑系列
工程量清单计价
主　审　杨安库
主　编　伏　虎　万　华
副主编　范宏智　秦纪伟　张　燕
参　编　俞　顺　闪万强　常瑞君　陈宝伟　谈　武
Gongchengliang Qingdan Jijia

出版发行	中国人民大学出版社		
社　　址	北京中关村大街 31 号	**邮政编码**	100080
电　　话	010－62511242（总编室）		010－62511770（质管部）
	010－82501766（邮购部）		010－62514148（门市部）
	010－62515195（发行公司）		010－62515275（盗版举报）
网　　址	http://www.crup.com.cn		
经　　销	新华书店		
印　　刷	北京昌联印刷有限公司		
规　　格	185 mm × 260 mm　16 开本	**版　　次**	2022 年 4 月第 1 版
印　　张	14.5	**印　　次**	2022 年 4 月第 1 次印刷
字　　数	284 000	**定　　价**	45.00 元